U0176775

网络内容安全生态治理研究

赵丽莉等 / 著

中国海洋大学出版社
·青岛·

图书在版编目(CIP)数据

网络内容安全生态治理研究/赵丽莉等著. -- 青岛：中国海洋大学出版社，2022. 11（2023.9重印）

ISBN 978-7-5670-3315-3

Ⅰ. ①网… Ⅱ. ①赵… Ⅲ. ①计算机网络－网络安全－研究 Ⅳ. ① TP393. 08

中国版本图书馆 CIP 数据核字(2022)第 201382 号

网络内容安全生态治理研究

WANGLUO NEIRONG ANQUAN SHENGTAI ZHILI YANJIU

出版发行 中国海洋大学出版社

社　　址 青岛市香港东路 23 号　　**邮政编码** 266071

出 版 人 刘文菁

网　　址 http:// pub. ouc. edu. cn

电子信箱 2627654282@qq. com

订购电话 0532-82032573（传真）

责任编辑 赵孟欣　　**电　　话** 0532-85901092

印　　制 青岛国彩印刷股份有限公司

版　　次 2022 年 11 月第 1 版

印　　次 2023 年 9 月第 2 次印刷

成品尺寸 170 mm × 230 mm

印　　张 10

字　　数 211 千

印　　数 601— 1 600

定　　价 52.00 元

发现印装质量问题，请致电 0532—58700166，由印刷厂负责调换。

@内容提要

习近平总书记在党的二十大报告中提出“加快建设网络强国、数字中国”，这其中就涉及网络内容安全建设。网络内容安全是一种非传统安全，与社会治理的各个领域紧密连接，对社会治理的整体效果产生互动影响。网络虚假信息、涉恐信息传播、网络诈骗、网络舆情等事件的频发，工业互联网风险、网络平台争端的产生以及网络黑色产业负面危害性的持续扩张，与政治安全、经济安全、文化安全、生态安全、社会安全交织互嵌。有效维护网络内容安全，需要建立起行之有效的网络内容安全生态治理体系。大数据、云计算、区块链等新技术应用下，新兴网络传播业态产生，对已有治理规则适用性产生冲击。全书秉持系统思维，共分为六章，从网络内容安全治理理论、网络虚假信息传播治理、网络黑色产业治理、工业互联网安全风险治理、网络游戏主播“跳槽”违约赔偿治理、网络涉恐信息传播治理等方面详细论述了网络内容安全生态治理问题。

目 录 Contents

第1章 网络内容安全 …… 1

1.1 网络内容安全及相关概念的比较辨析 …… 1

1.2 网络内容安全治理理论与发展 …… 4

1.3 网络内容安全法律治理的提出 …… 9

1.4 网络内容安全法律治理应秉持系统思维理念 …… 16

第2章 网络虚假信息传播治理 …… 21

2.1 网络虚假信息的界定 …… 21

2.2 网络虚假信息的传播特点 …… 22

2.3 大数据时代对政府网络虚假信息监测提出挑战 …… 23

2.4 与时俱进:基于“过程控制”理念的虚假信息网络传播法律治理 …… 24

第3章 网络黑色产业(网络黑产)治理 …… 27

3.1 网络黑产治理的提出 …… 28

3.2 网络黑产负外部性分析 …… 30

3.3 我国网络黑产治理实践 …… 35

3.4 网络黑产发展模式野蛮生长冲击已有治理规则 …… 37

3.5 网络黑产创新治理对策——基于“主动防御”理念建构网络黑产治理机制 …… 39

□ 第 4 章　工业互联网安全风险治理 …… 45
4.1　绪　论 …… 45
4.2　新基建背景下的工业互联网发展实践 …… 56
4.3　以 CPS 为核心的工业互联网应用 …… 60
4.4　CPS 应用的工业互联网安全风险分析 …… 65
4.5　以 CPS 为核心的工业互联网安全风险的防控应对措施 …… 71
□ 第 5 章　网络游戏主播“跳槽”违约赔偿治理 …… 80
5.1　问题的提出 …… 80
5.2　网络游戏主播“跳槽”违约赔偿金额认定的特殊性 …… 85
5.3　网络游戏主播“跳槽”违约赔偿金额的认定因素——基于司法审判实践的考量 …… 91
5.4　对网络游戏主播“跳槽”违约赔偿金额认定的质疑 …… 108
5.5　网络游戏主播“跳槽”违约赔偿金额司法认定的矫正 …… 113
□ 第 6 章　网络涉恐信息传播治理 …… 121
6.1　网络时代涉恐信息传播形态的演变与趋势 …… 121
6.2　网络时代涉恐信息传播治理的困境 …… 125
6.3　网络时代涉恐信息传播法律治理完善对策 …… 130
□ 附　录 …… 147
□ 后　记 …… 152

第 1 章

网络内容安全

1.1 网络内容安全及相关概念的比较辨析

“网络空间的架构使得对其规制变得困难，因为被规制行为的行为人可以在网络的任何地方，而且网络空间的人和数据都是不确定的。”[①] 网络空间被认为“其天生的抵御几乎所有形式的规制”[②]，厘清现实中与网络内容安全相关的概念，探索网络内容安全治理的发展现状，有助于准确定位网络内容安全治理对象和治理内容，以及适用、探索、创新形成有效的治理机制。

1.1.1 网络内容安全概念

安全，从社会学的角度讲，有私的安全和公的安全。私的安全指作为社会主体的个人财产以及人身不受现实或潜在的危险威胁；公的安全，指公共安全或社会安全，是为了满足不特定的社会主体实现对客观的自由支配以及协调各种主体之间的利益关系的要求而需要的一种稳定的社会秩序。[③]

网络内容安全也称为网络信息安全或网络信息内容安全。2015 年 6 月，《网络安全法（草案）》经全国人大常委会第十五次会议审议后向社会公开征求意见。该草案中使用了“网络安全”的概念，按照公布的草案内容，网络安全的内容包括

---

① 〔美〕劳伦斯•莱斯格：《代码 2. 0：网络空间中的法律》，李旭、姜丽楼、王文英译，中信出版社 2004 年版，第 25 页。

② 〔美〕劳伦斯•莱斯格：《代码 2. 0：网络空间中的法律》，李旭、姜丽楼、王文英译，中信出版社 2004 年版，第 31 页。

③ 麻昌华：《论公共安全注意义务的设立》，载《侵权法报告》（第 1 卷），中信出版社 2005 年版，第 61 页。

网络运行安全、网络信息安全以及对网络的监测预警与应急处置。按照这一草案的规定，本书所称的网络内容安全属于网络安全的组成部分。

由于信息化的不断发展变化，“信息安全定义亦是动态发展的”[①]。对于信息安全的定义国内外学界尚有不同的认识。信息安全一词若翻译成英文对应的是 Information Security，但是在国外 Information Security 主要使用在 20 世纪六七十年代的军事文献中。随着高度信息化、网络化的发展，国外立法文献和学者研究中多数使用 Cyber Security 来表示信息安全的概念，如美国 2002 年颁布的《网络空间安全国家战略》（*National Strategy to Secure Cyberspace*），2009 年、2010 年网络安全法案都使用的是 Cyber Security 而非 Information Security。在我国，信息安全、计算机安全、网络安全、网络信息安全等概念在不同的法律条文中出现，中共中央办公厅 2003 年 27 号文件《国家信息化领导小组关于加强信息安全保障的工作的意见》的通知中使用了“信息安全”概念，《关于维护互联网安全的决定》使用“互联网的运行安全”和“信息安全”概念，《中华人民共和国计算机信息系统安全保护条例》[②]（国务院 147 号令）使用了“计算机信息系统的安全”的概念。有研究认为之所以如此是因为我国信息化程度远不如发达国家，还不是一个网络化的国家，我国更多关注的是信息内容、信息系统运行和数据库的安全问题。[③]由此，厘清信息安全概念是必要的。

网络内容安全这一概念主要针对信息网络化发展提出，类似概念表述有网络和信息安全，是指网络空间内为防止意外事故和恶意攻击，保障网络、信息内容和应用服务的秘密、完整、可用、可控与不可否认，可以理解为是计算机网络及其信息安全，着眼点在于保护数据内容和服务。因此，本书中网络内容安全的内涵侧重于软硬件系统内的数据和服务方面的信息内容安全。

1.1.2　网络内容安全相关概念的比较辨析

学者认为立法上不同的表述反映的是不同主张者背后的不同利益主张。[④]随着信息化和网络化的不断推进，网络内容安全的内涵也在不断丰富。今天，网络俨然已经成为国家关键基础设施的组成部分，人类政治、经济、军事、科技、文化生活、环境等各个方面对信息网络的依赖性也越来越强，“个人、企业、民族、国家乃至人类的安全也建立于计算机和网络中”[⑤]。因此，辨析涉及网络安全的不同表述

---

① 蔡翠红：《美国国家信息安全战略》，学林出版社 2009 年版，第 3 页。

② 下文法律法规名称中“中华人民共和国”予以省略。

③ 蔡翠红：《美国国家信息安全战略》，学林出版社 2009 年版，第 3 页。

④ 马民虎：《信息安全法研究》，陕西人民出版社 2004 年版，第 24 页。

⑤ 蔡翠红：《美国国家信息安全战略》，学林出版社 2009 年版，第 3 页。

有助于认知网络内容安全的具体内涵。

1. 信息安全

美国法典(U.S.Code)第 3542 条指出,信息安全意思是阻止信息和信息系统受未授权的许可、使用、披露、分裂、修改或破坏,为了确保完整性(Integrity)、秘密性(Confidentiality)和可用性(Availability),此即 CIA Triad 安全模型[①]。这一安全模型显示信息安全的核心要素在于完整性、秘密性和可用性。该模型被主要的信息安全方面立法所采纳,用来确认信息安全问题领域和提供必要的解决方法。美国 2002 年的《联邦信息安全管理法》(*Federal Information Security Management Act of* 2002)将信息安全界定为"提供安全性、秘密性和可用性,阻止信息和信息系统未授权的访问、使用、披露、中断、修改或破坏"[②]。

信息安全属性通常被用以界定信息安全的内涵,具体可包括以下几个方面:秘密性(Confidentiality)主要用来指阻止披露信息于未经授权的个人或系统,信息安全强调信息未经许可或授权不被泄露;可控性(Controllability)指"保证信息和信息系统的授权认证和监控管理"[③],系统所有者能够对信息的流动与信息内容具有控制力;完整性(Integrity)指数据不应该被未经察觉的修改、伪造、篡改;可用性(Availability)指信息在需要时是可用的;真实性(Authenticity)指确保数据、交易、交流或文档是真实的;不可否认性(Non-repudiation)指"保证信息行为人不能否认其行为"[④]。因此,信息安全的核心是确保信息网络中的软硬件及系统中数据不被未经授权的偶然或恶意的威胁、破坏、更改和泄露,系统正常运行,信息服务完整,确保信息系统和存储信息的安全性。

2. 计算机安全

计算机安全通常指信息系统安全,侧重于强调阻止系统本身的未经授权的接触、修改,以此保证信息系统的可用性、完整性和秘密性。[⑤] 按照《计算机信息系

① CIA Triad 安全模型:也被称为 CIA 安全三原则,是信息安全领域最基本的思想原则之一,指秘密性(Confidentiality)、完整性(Integrity)、可用性(Availability)。

② The Federal Information Security Management Act of 2002 "According to FISMA, the term information security means protecting information and information systems from unauthorized access, use, disclosure, disruption, modification, or destruction in order to provide integrity, confidentiality and availability" .

③ 马民虎:《信息安全法研究》,陕西人民出版社 2004 年版,第 24 页。

④ 蔡翠红:《美国国家信息安全战略》,学林出版社 2009 年版,第 3 页。

⑤ OECD GUIDELINES FOR THE SECURITY OF INFORMATION SYSTEMS (1992): Security of information systems means the protection of the availability, integrity, and confidentiality of information systems.

统安全保护条例》第三条[①]的规定，计算机信息系统的安全旨在保障信息系统本身设备、设施、运行环境和功能的可用性、完整性与秘密性。

3. **网络安全**

网络安全（Cyber Security）是指通过对攻击的预防、检测和反应保护依赖于计算机和网络的信息。美国《网络空间安全国家战略》从网络空间的角度将网络安全定位为确保企业交易、政府运行和国家防御三方面职能所能依赖的互联的关键信息基础设施网络的安全。美国2010年网络安全法案（Cybersecurity Act of 2010）指出，网络安全指计算机和计算机网络的保护，阻止未经授权的接触。

1.2 网络内容安全治理理论与发展

就今天的信息技术普及度而言，网络内容安全治理是一个极其庞大的命题。网络安全治理的必要性源自网络社会对现实社会的深刻影响，其紧迫性已然受到各国政府的广泛重视。考虑到现代社会对于信息技术的依赖性，几乎所有涉及国家和社会有序运行的要素都将被纳入网络内容安全治理范畴之内，继而在治理结构上呈现出向整体社会层面纵向延伸的趋势。为了因应这一变化，2010年后各国在形成本国国家信息安全战略时，普遍对网络内容安全的治理理念做出战略调整，将原本分散化的治理要素整合到统一的社会层面中进行研判。网络内容安全治理呈现出从传统边界安全治理向社会治理的过渡。

1.2.1 边界安全治理理论

网络空间（Cyberspace）和现实空间（Real-space）正处于不断融合的过程中。这是信息通信技术的传播和发展，以及该技术的使用或应用造成的结果。[②]网络内容安全治理理论与信息技术的发展息息相关，在信息技术应用初期，信息系统相对独立，还没有成为重要的基础设施。如果我们能够勉强将这一时期基于信息系统安全的保障理念称为治理理论的话，其通常侧重于边界安全，也就是围绕“机房”概念所延展而形成的物理边界安全思想，基于信息保密性、可用性和完整性的信息安全要求构成了治理理论的核心内容，进而形成了当时被动保护式的安全观。由于互联网在开发时仅被用于美国国防部的内部通信，因此安全性并不是

① 《计算机信息系统安全保护条例》第三条：计算机信息系统的安全保护，应当保障计算机及其相关的和配套的设备、设施（含网络）的安全，运行环境的安全，保障信息的安全，保障计算机功能的正常发挥，以维护计算机信息系统的安全运行。

② Information security policy council, Cybersecurity Strategy-Towards a world-leading, resilient and vigorous cyberspace, Japan, 2013 (6) : 5.

其在设计过程中主要考虑的因素，在很长时间内仅限于物理安全和简单的访问控制与认证措施，强调对于"未经授权"的防范。由此可见，该时期的网络内容安全治理偏重于对信息系统的隔离式保护，强调技术措施在治理过程中的积极作用，并没有将网络内容安全作为社会整体的诉求。这一时期，信息内容还没有成为网络内容安全的主要问题和规制对象。网络内容安全还没有与涉及文化安全、社会安全等社会生活的广泛领域嵌合起来，还没有成为影响整体国家安全的核心要素之一。也就是说，边界安全理论是互联网初创阶段的产物，是"局域网"时代的产物，那时的世界还没有建立起基于互联网的普遍联系。边界安全理论产生并适用于较为狭窄的、存在物理或者技术边界的系统。

1.2.2　社会危机治理理论

随着信息技术的社会化利用，信息技术突破了传统的机房概念，国家和社会的生产生活高度依赖信息系统的安全性和稳定性。在公民活动向信息系统迁移的过程中，由于信息技术具有的匿名性和虚拟性，在线行为失范引发了广泛的社会性问题，传统社会危机治理理论被引入网络内容安全中。随着社会危机治理日渐成为国际研究焦点，网络内容安全治理理论开始了向社会层面的拓展。互联网空间是现代社会系统分化的产物，并成为相对独立和独特的空间系统。互联网时代的突出特点就是普遍联系、多中心和去中心化。治理是契合互联网空间这一运作特点的规制机制。

与传统管理的概念不同，治理强调多方主体的共同参与，其主体未必是政府，也无须依靠国家的强制力保障实施。"治理"（Governance）的概念最早产生于1989年，世界银行讨论非洲发展时首次使用了"治理危机"的概念，随后"社会治理"（Social Governance）概念由此产生。格里•斯托克通过对治理主体、行为和过程要素的分析，突破了传统社会管理的内涵。他认为，当今时代，随着经济与社会问题中的责任与界限日益模糊，治理已经成为政府与社会、私人机构、公民之间相互依赖，相互合作，相互谈判的一种集体共同行为。治理意味着在公共事务中，社会、私人部门与公民会承担更多原来由政府所承担的责任，其与政府之间相互交换资源，承担政府的一些管理职责，与政府间构成一个自主网络。在这个网络中，政府是网络的参与者，而不是作为主导者发号施令或运用权威。[①] 因此，使用其他管理方法和技术手段，更好地对公共事务进行控制和引导，这成为政府的职能。

在社会治理理论长期演变和发展过程中，形成了丰富的网络内容安全治理思路，而在这其中，作为社会危机有效规避、社会风险有效化解、社会矛盾有效控制与引导的社会危机治理理论，为保障网络内容安全，遏制违法有害传播，具有重要

---

① 〔英〕格里•斯托克:《作为理论的治理：五个论点》，载《国际社会科学（中文版）》1999年第2期。

的理论指导意义。社会危机治理理论认为，社会危机源于社会结构失衡和社会运行轨道偏离所带来的社会矛盾冲突的加剧与严重。为此，政府应当更加关注政府外部诸多要素在社会危机治理中的重要作用，与社会、私人部门、民众之间通过有效合作与互动，来实现对社会危机的有效化解、控制与规避。社会危机治理理论大致包括以下几方面思想：第一，在社会危机治理中，政府应当变革"政府主导一切"的传统观念与态度，高度重视社会、市场力量在社会危机治理中的作用，鼓励各种非政府、非营利性社会组织，私人部门以及社会公众参与社会危机治理过程，增强社会危机治理中的社会自组织性；第二，在社会危机治理中，政府部门应当与社会公众、社会组织、私人部门等民间、市场力量秉持成本最小化、效益最大化的原则，彼此之间建立互信互利的合作关系；第三，在社会危机治理中，政府部门应当与社会公众、社会组织、私人部门之间建立起相互合作、良性互动的社会协作网络机制；第四，在社会治理中，政府部门与社会公众、社会组织、私人部门之间应当建立有效的激励手段与管理机制，通过正式与非正式的制度安排，来提高社会危机化解与控制的有效性。

社会危机治理理论为网络安全治理提供了有益的借鉴，社会危机治理理论要求在网络安全治理中，政府应当改良传统管理方式，重视网络安全治理中的社会资源再分配的实现，充分利用社会与市场领域中的信息技术力量，强调多方协作和参与网络安全治理，对网络安全治理中多元参与者之间的互动与合作予以引导、控制和规范，最大限度地利用多元参与者在网络安全治理中的力量，实现网络安全治理中公共利益的最大化，从而有效弥补政府在网络安全中治理能力的不足，提高对网络安全问题诱发的社会危机的预见能力、危机处理能力以及事后救治能力，进而有效恢复网络安全问题所带来的社会动荡、失范与失衡，维护社会稳定，增强广大人民群众对政府的信任，以此来解决网络安全问题带来的社会危机形态下的现实问题。

1.2.3 善治理论

善治是一种能最大限度实现公共利益的理想治理方式。从其本质上来看，善治就其最佳的两种状态，即它是政府与公民对公共生活的合作管理，是政治国家与公民社会的一种新型关系。

联合国亚太经济社会委员会发布的《什么是善治》中明确提出善治的八项标准，包括共同参与、厉行法治、决策透明、及时回应、共识、平等包容、实效和效率、问责原则。王利明认为善治是民主治理、依法治理、贤能治理、社会共治和礼法合治。[①] 当前学界关于善治理论的研究大致可以分为以下几方面。第一，善治意味

① 王利明：《法治：良法与善治》，载《中国人民大学学报》2015 年第 2 期。

着合法性治理。合法性体现了广大社会公众对于治理主体的接受与认可度。合法性治理意味着治理主体应当将广大社会公众作为治理权力的来源,将广大社会公众作为治理目标的出发点与归宿,接受广大人民群众的监督与约束。第二,善治意味着法治。法治是国家治理现代化的重要内容,是善治的重要内容之一,法治意味着要以共同的善、公平正义等善治理念作为法律法规制定的坐标与价值追求,与此同时,法治是善治的工具与手段,要为善治的实现提供良好的法治秩序。第三,善治意味着责任治理。责任治理要求治理主体不仅要依法治理,更需要在法律法规规定的职责权限内积极承担各自的治理责任,强化社会服务意识,增强社会公共服务职能,对社会公众的要求与诉求做出及时、负责任的回应。第四,善治意味着参与性治理。善治得以实现的基础在于多元共同参与,因此,在参与性治理中,政府由管理者转型为服务者,一方面,推动多元治理主体之间加强沟通与交流,鼓励引导社会公众参与治理过程,实现共同治理;另一方面,推动社会、市场等多元治理主体在社会生活中实现自我管理。第五,善治意味着高效治理。善治要求治理应当卓有成效。这一方面要求治理效率高,治理过程中应当通过合理的机构设置、创新治理方式与手段、降低治理成本等方面提高治理效率;另一方面,要求治理效果好,治理过程应当通过提高治理参与者的治理能力、增强治理专业性、提高治理人员治理素质等方式,提高治理水平与治理质量。由此可见,善治具有公共利益最大化的价值诉求,强调以人为本和对人权普遍性的尊重,善治实际是一种权力向社会的回归,强调国家与社会之间的合作关系。总之,善治不仅要求建立高效、法治、精简的治理,而且要求提高治理的民主性、参与性、责任性,只有这样,才能为有效实现公共事务的善治与国家治理现代化实现打下坚实基础。

善治理论为网络安全治理提供了有益的借鉴,强调健全网络安全道德体系,强化网络安全治理的责任意识,强化网络安全治理的共同参与、共同治理意识;推进网络治理法治化,网络安全治理的相关法律法规应当以善治作为法律正当性的来源,为实现善治提供制度性保障;健全网络安全治理手段,通过有效利用社会、市场等界面中的网络安全知识、技术与经验,强化对多元网络安全治理参与者治理能力与治理素质的培养,提升网络安全治理的效率,提高网络安全治理的效果;营造健康有序的网络生态环境,在网络安全治理中体现出沟通的善、妥协的善与共同的善,强化多元网络安全治理参与者之间的合作与良性互动,实现网络安全治理中多元治理主体之间在治理信息、治理资源与治理能量方面的优化整合与优势互补。

无论从社会治理还是善治的角度看,因为网络传播内容治理对技术的依赖性更强,传统社会治理理论并不能很好解决在线活动中人员和技术要素的互动关系,缺乏对失范行为的约束机制,网络内容治理始终面临一定的困境。特别是在暴恐等突发事件中,单纯强调道德和自律并不能起到全面的规范效果。这也反映出在治理观念中,仍然需要区分常态和非常态而易其治理机制。这种变化的因应之道可能恰恰反映了治理理念的特点。同时,反映了在治理观念下,法治、德治和自治在网络内容安全治理中的定位和作用。但是,法治在常态和非常态下均构成首位的治理规则和治理权威的来源,德治和自治则在各自领域发挥作用,并成为厉行法治的辅助性力量,而法治也强化了德治和自治在网络内容安全治理中的地位和作用。社会治理理论在宏观层面的战略考虑尽管能够为网络内容安全治理提供有益的思路,但在网络内容安全的实现方面缺乏有效的方法设计和保障,观念性的制度引入与彻底遏制暴恐信息、虚假信息网络传播的现实情况仍然存在鸿沟,需要在法律本身的效用层面内提出更加具有操作性的治理途径。

1.2.4 代码规制理论

代码规制[①]由美国著名网络法专家劳伦斯•莱斯格提出。这里的代码指"嵌入软硬件中使网络运作的指令"[②]。他首先认为网络空间的架构很多,一部分或者全部是可以被规制的,网络空间中,政府是很难规制网络行为的,但是政府是可以规制网络的架构的。[③]网络空间的治理主要取决于代码的性质,代码可以改变网络空间的架构,进而使其具有可控性和可规制性[④],而网络空间中代码就是一个规制者,诸如通过身份验证、加密技术,即通过"增强网络站点对来访者的身份验证能力"[⑤]。同时,代码是可以被规制的,他认可在网络空间除代码本身之外,还存在其他的规制者,即法律、市场和社会规范(一种大家普遍认可的规制)。但是他认为尽管法律规制方式可以在某种程度上改变市场规制、社会规范以及代码的架构,但是法律直接规制面临效率问题,毕竟法律在与时俱进上是与其他规制方式相比是有不足的;间接规制带来误导责任等方面问题,所以他认为网络空间代码的规制是最有效率的[⑥],而且在法律还处于不确定性时,代码更容易实现统一的规制。[⑦]

① 代码一词包括政府的法律、法典,也包括嵌入软硬件的使网络运作的指令。

② 〔美〕劳伦斯•莱斯格:《代码 2.0:网络空间中的法律》,李旭、姜丽楼、王文英译,中信出版社2004年版,第66页。

③ 网络架构是指为设计、构建和管理通信网络提供一个构架和技术基础的蓝图,定义了数据网络通信系统的每个方面,包括但不限于用户使用的接口类型、使用的网络协议和可能使用的网络布线的类型。

④ 〔美〕劳伦斯•莱斯格:《代码 2.0:网络空间中的法律》,李旭、姜丽楼、王文英译,中信出版社2004年版,第26页、第43页。

⑤ 〔美〕劳伦斯•莱斯格:《代码 2.0:网络空间中的法律》,李旭、姜丽楼、王文英译,中信出版社2004年版,第62页。

⑥ 〔美〕劳伦斯•莱斯格:《代码 2.0:网络空间中的法律》,李旭、姜丽楼、王文英译,中信出版社2004年版,第111页。

⑦ 〔美〕劳伦斯•莱斯格:《代码 2.0:网络空间中的法律》,李旭、姜丽楼、王文英译,中信出版社2004年版,第252页。

1.3 网络内容安全法律治理的提出

罗伯特·罗茨(R.A.W.Rhodes)认为"治理至少有6种不同用法:作为最小国家(the minimal state)的治理;作为公司的治理(corporate gover-nance);作为新公共管理(the new public manage-ment)的治理;作为善治(good governance)的治理;作为社会控制体系(social-cybernetic system)的治理;作为自组织网络(self-organization networks)的治理"①。2000年其又提出了7种治理的含义:"公司治理、新公共管理、善治、国际间的相互依赖、社会控制论的治理、作为新政治经济学的治理、网络治理。"②

在现代社会,治理实际上是一个多义的概念。人们常常会在不同的语境、领域中使用"治理"一词。但是,即便被使用于不同的场合,治理似乎总是包含着多主体共治、多元规范来源以及正式和非正式制度有机结合共同作用于特定治理领域的思想内核。从这个意义上,在通过法律来组织和控制社会生活时,仍然可以体现和贯彻治理的思想。于此,治理就构成法律体系的内在价值。事实上,即便人们强调通过法律来控制社会生活,或者把法律秩序作为社会秩序的主要保障时,也从来没有否认或者排除其他社会主体、社会机制和社会规范的作用领域与社会功能。

社会治理是国家治理的重要方面。网络内容安全治理亦可归属于社会治理范畴,充分运用我国在社会治理领域的经验,形成现实社会与虚拟社会的一体化治理格局。另外,从社会治理的多元规则渊源来看,法律通常被认为是正式制度,作为国家认可和制定的产物,以国家强制力为后盾,具有权威性,可以借由国家力量强制实施。这通常被认为是法律区别于道德等非正式社会制度的主要特点,也是现代社会把法治作为核心治理机制的重要原因。但是在治理观念中,社会治理规范的来源是多样化的,法律并不排斥道德等其他社会规范。相反,在认识到法律与道德的差异性,强调两者在生成逻辑和作用机理上的差异时,反而更加强调两者的协同作用。2016年12月9日,习近平总书记在主持中央政治局第三十七次集体学习时强调,必须坚持依法治国和以德治国相结合,使法治和德治在国家治理中相互补充、相互促进、相得益彰,推进国家治理体系和治理能力现代化。"必须加强和创新社会治理,完善党委领导、政府负责、民主协商、社会协同、公众参

① Rhodes. R. The New Governance, Governing without Government? Political Sciences, 1996, 44(4):652-667;653.

② Rhodes. R, Governance and Public Administration, in Pierre, J.(eds.), Debating Governance, New York: Oxford University Press, 2000: 54-90.

与、法治保障、科技支撑的社会治理体系，建设人人有责、人人尽责、人人享有的社会治理共同体，确保人民安居乐业、社会安定有序，建设更高水平的平安中国。”[①]

在网络内容安全治理领域，提出要深化法律治理，其实质是社会治理理念和机理在互联网空间领域的具体体现。法律治理不是单指运用法律规范的治理，而是作为一种治理理念和机理的体现，凸显综合运用和发挥法治、德治和自治的积极作用，协同治理、多元共治，并最终实现网络内容安全治理领域的良法善治。法律治理是指“指依据国家权力机关依法律程序制定的法律规则，政府、社会、市场等存在利益分化的多元主体通过合作、协调与互动的方式，实现共同利益与促进社会发展目标”[②]。事实上，单就法律规范的制定和运用而言，法律治理规范来源的多层次性及灵巧治理特点也体现得淋漓尽致，如在这一领域存在效力位阶不同的法律规范，而且存在大量的效力位阶低但却起着指引治理实践的操作性规则，此外，还存在跨部门法的特点，牵涉民法、刑法、行政法、经济法乃至国际法等多个部门法，换言之，单一的部门法资源和调整手段难以达到网络内容安全的治理目标。

简言之，在网络内容安全治理中，法律治理的提出贯彻和体现了治理观念与机理，亦是党的社会治理思想的生动体现和实践，也是加强网络空间治理体系和治理能力现代化的必然要求。从法治的角度看，网络空间的法律治理具有“领域法”[③]的特点，强调突破部门法的藩篱，综合运用多元调整机制和多元学科知识以实现特定领域的综合治理。法治是指通过法律规范对人的行为及其所构成的社会关系的调整和引导，通过法的功能和作用的基本体现，使各种社会活动的各个主体，在政治、经济、社会、生态、文化等诸多领域，通过法律规范明确各个主体的责任和界限，发挥法律作为一种社会规范的作用，实现社会关系有序状态的一个过程。

另外，从综合治理的角度看，网络空间的法律治理强调共建共治共享，突出法治、德治和自治的作用。其中，法治在网络空间法律治理中发挥着核心作用和框架作用。网络空间法律治理反映了我国公权力配置以及行政管理体制的特点，即

---

① 《中共中央关于坚持和完善中国特色社会主义制度 推进国家治理体系和治理能力现代化若干重大问题的决定》，中国共产党第十九届中央委员会第四次全体会议通过，2019 年 10 月 31 日。

② 张敏、马民虎：《企业信息安全法律治理》，载《重庆大学学报（社会科学版）》2020 年第 5 期。

③ 领域法学（science of field law），是以问题为导向，以特定经济社会领域全部与法律有关的现象为研究对象，融经济学、政治学和社会学等多种研究范式于一体的整合性、交叉性、开放性、应用性和协同性的新型法学理论体系、学科体系和话语体系，具有研究目标的综合性、研究对象的特定性以及研究领域的复杂性等特征。参见刘剑文：《超越边缘和交叉：领域法学的功能定位》，载《中国社会科学报》2017 年第 5 版。

对网络传播暴恐音视频的规制涉及立法、司法和行政,而在行政管理方面又涉及公安、文化、网监、新闻、教育等不同主管部门,其本身就存在协同和形成合力的问题。在行政管理领域,不同行政主管部门各有其执法依据和职权来源,且不同的行政法规范往往要由不同的行政机关来执行,那么如何在信息网络安全治理领域形成治理体系就是网络空间法律治理的题中应有之义。从社会治理的角度看,网络空间的治理主体除了公权力机关外,还应当包括网络空间的利用者以及社会自组织等其他社会性的网络空间治理的参与者。这也是在构建网络空间法律治理体系时,所应当贯彻和体现的治理理念与机制。

在网络时代,网络空间构成了人们生存和发展的“第五疆域”,形成了崭新的“经济秩序”和“社会秩序”。网络在一个全新的层面上影响、改变和塑造着我们的社会生活。信息网络在促进经济社会发展、推动技术进步和便利日常生活等方面给人类社会带来巨大好处的同时,也在滋生、引发和蔓延与网络空间紧密相关的新情况、新问题。

网络空间开放性、虚拟性、全球性、放大性、难监管及低门槛的特性,极易被一些别有用心者所利用,成为滋生网络违法犯罪的温床。网络空间要么成为形形色色网络违法犯罪活动的工具、手段或者载体;要么成为网络违法犯罪活动所直接指向或者攻击的对象。入侵计算机系统、传播计算机病毒、网络色情、网络谣言、网络侵权、网络诈骗等违法犯罪活动层出不穷、花样翻新。网络空间的特点又决定了对这些网络违法犯罪活动“发现难、预防难、认定难和治理难”。这就提出了网络安全的问题,以及与之相伴的对网络治理的需求。习近平总书记指出:“如何加强网络法制建设和舆论引导,确保网络信息传播秩序和国家安全、社会稳定,已经成为摆在我们面前的现实突出问题。”① 这就明确了网络法治建设的重点任务是规范网络信息传播秩序和国家安全、社会稳定。②

网络违法犯罪活动在内容和形式上具有一定的普遍性。针对普遍性的网络违法犯罪,其治理方式主要有实名制、信息删除等技术手段以及加大法律威慑力等。③ 但我们要充分认识到,网络违法犯罪活动的发生也具有比较突出和鲜明的地域性与特殊性。正是其地域性和特殊性决定了我们所面临的网络安全问题的独特性,以及对网络治理需求的迫切性。

网络安全是一种非传统安全,它与社会治理的各个领域紧密连接和交织,对社会治理的整体效果产生交互影响。有效维护网络安全,需要建立起行之有效的

---

① 《习近平关于〈中共中央关于全面深化改革若干重大问题的决定〉的说明》,载《人民日报》2013年第1版。

② 周汉华:《习近平互联网法治思想研究》,载《中国法学》2017年第3期。

③ 郑智航:《网络社会法律治理与技术治理的二元共治》,载《中国法学》2018年第2期。

网络安全综合治理体系。这是“四个全面”的要求和体现，是打基础、利长远的工作。习近平总书记指出：“要坚持依法治网、依法办网、依法上网，让互联网在法治轨道上健康运行。”[①]网络空间不是“法外之地”，同样要讲法治，同样要维护国家主权、安全、发展利益。法律为网络安全综合治理提供基本的支撑、指引和遵循，是推进网络生态治理，构成保障网络空间总体安全的基础和骨架。在依法治网过程中，注重和加强对违法有害信息的法律治理，既是习近平新时代互联网法治思想的基本要求，也是法治中国建设的重要内容。

1.3.1 维护国家安全

国家安全是安邦定国的重要基石。没有网络安全就没有国家安全，经济社会就不能得到发展，人民的利益也不能得到保障。习近平总书记指出：“大国网络安全博弈，不单是技术博弈，还是理念博弈、话语权博弈”[②]；“我们应该尊重各国自主选择网络发展道路、网络管理模式、互联网公共政策和平等参与国际网络空间治理的权利，不搞网络霸权，不干涉他国内政，不从事、纵容或支持危害他国国家安全的网络活动。”[③]我们应当统筹国家安全和网络安全，这是事关国家安全、国家发展和人民根本利益的战略问题。“统筹发展和安全，增强忧患意识，做到居安思危，是我们党治国理政的一个重大原则。必须坚持国家利益至上，以人民安全为宗旨，以政治安全为根本，统筹外部安全和内部安全、国土安全和国民安全、传统安全和非传统安全、自身安全和共同安全，完善国家安全制度体系，加强国家安全能力建设，坚决维护国家主权、安全、发展利益。”[④]

依法治理违法有害信息是维护国家安全，“实现人民安居乐业、党的长期执政、国家长治久安”的必然要求。早在2014年，习近平总书记就在中央网络安全和信息化领导小组第一次会议中指出，“网络安全和信息化是一体之两翼、驱动之双轮”，“没有网络安全就没有国家安全，没有信息化就没有现代化”。2016年，习近平总书记在十八届中央政治局第三十六次集体学习时强调，“要不断提高对互联网规律的把握能力、对网络舆论的引导能力、对信息化发展的驾驭能力、对网络安全的保障能力，把网络强国建设不断推向前进”。至2017年6月1日，《网络安全法》的正式施行，开启了我国依法治网的新阶段，为保障网络安全竖起制度“防火墙”，同年十九大报告提出，“严密防范和坚决打击暴力恐怖活动”，为依法治理违法有害信息，维护国家安全、网络安全织就牢不可破的制度防线。这是总体国

---

① 习近平在第二届世界互联网大会开幕式上的讲话。

② 2016年4月19日，习近平在网络安全和信息化工作座谈会上发表讲话。

③ 2015年12月16日，习近平在第二届世界互联网大会开幕式上发表讲话。

④ 2017年10月18日，习近平代表第十八届中央委员会向中国共产党第十九次全国代表大会做报告。

家安全观的要求和体现。违法有害信息的网络传播并不仅仅局限于某一地。长期以来,“三股势力”借助多种途径和手段进行渗透、破坏活动。意识形态领域、思想政治领域及文化历史领域是其进行渗透和破坏的突出领域。大数据应用、移动互联网、云计算、物联网等信息网络技术给我们带来巨大便捷的同时,亦成为滋生网络违法犯罪的“温床”。在网络时代,境内外敌对势力的渗透和破坏活动呈现出境内和境外、线上和线下相互勾连的情形。网络“空间化”的演变已经使网络空间如同现实空间一样成为社会的重要组成部分。[①]

网络空间日益成为“三股势力”借以威胁和破坏我国国家安全,争夺意识形态领域主导权和话语权、争夺青少年的主渠道。这主要表现为:① 制造网络舆论,进行意识形态领域的渗透,诋毁我国的国际形象、扰乱我国的安定团结大局,破坏社会稳定和民族团结;② 以网络作为相互勾结、搞分裂破坏活动的通联手段,在境外组织、策划,境内发展成员,针对我国领土完整和政权巩固实施颠覆、分裂破坏和暴力恐怖袭击等刑事犯罪活动[②];③ 利用网络存储、散布和传播暴力恐怖、宗教极端等有毒有害思想,混淆视听,歪曲我国的民族和宗教政策,严重挑战和危害地区的意识形态安全、社会稳定与民族团结[③];④ 制造网络谣言,造谣生事,推波助澜,动摇民心,境内外敌对势力“借助互联网优势,大量构设‘价值陷阱’,把互联网当作其倾销意识形态的‘租借地’”[④],一些法律意识淡漠的人在微博、微信、QQ等网络平台上编造和传播网络谣言。另外,“网络谣言的影响已经不局限于思想层面,开始逐渐影响社会的实际运转,针对国家政府部门、社会团体等公共组织的谣言也会影响其在民众心中的形象”[⑤]。

利用互联网宣扬、存储、传播涉暴力恐怖、宗教极端和民族分裂,以及谣言和虚假信息是网络内容安全重点打击的网络违法犯罪活动。需要注意的是,与恐情有关的网络信息传播活动,深受国内外反恐怖主义斗争形势的影响,且一些具有广泛社会影响力的突发事件,如新冠疫情等,都会对恐怖主义与反恐怖主义之间的斗争态势产生影响。[⑥] 网络空间已经成为敌我斗争的重要领域。在这一时空背景下,网络空间是对敌斗争的主战场,是开展宣传思想政治工作的主战场,是维护意识形态领域安全的主阵地。“互联网已经成为今天意识形态斗争的主战场。我们在这个战场上能否顶得住、打得赢,直接关系我国意识形态安全和政权安

① 于志刚:《网络“空间化”的时代演变与刑法对策》,载《法学评论》2015年第2期。
② 陈琪:《网络安全与新疆稳定》,载《新疆社会科学》2017年第2期。
③ 马凤强:《网络恐怖主义对新疆安全的危害及其防范》,载《新疆社会科学》2016年第1期。
④ 宋海龙:《当前网络意识形态斗争面临的挑战与对策思考》,载《理论导刊》2015年第12期。
⑤ 梁思雨:《〈网络安全法〉视域下的网络谣言治理》,载《信息安全研究》2017年第12期。
⑥ 李伟、郭力华:《新冠疫情对国际恐情的冲击与应对》,载《国际关系研究》2021年第3期。

全。”[①]“网络意识形态安全是非传统安全的一种，它是维护国家安全、地区安全和人民安全的重要内容。”[②] 网络安全是影响社会稳定和长治久安的重要因素之一。只有管好了网，管住了网，才能为实现总目标，营造清朗的网络空间。[③] 为此，加强网络空间内容生态法律治理，实现系统治理、依法治理、综合治理、源头治理的有机结合，是维护社会稳定与长治久安的重要举措。

1.3.2 维护网络内容安全

网络综合治理要考量网络治理体系的内部结构问题，从而形成一种“分而治之，对症下药”的分层治理的思维模式。研究提出：互联网的治理要从结构、功能、意识三个层面去理解。意识层面指不良信息和网络文化的渗透、针对主权国家有目的的、反动的网络宣传和破坏。[④] 按照治理层级将网络空间治理划分为技术层面的互联网治理、数据层面关于自由与秩序的治理和行为体规范治理三个层次。[⑤]

习近平总书记提出，“互联网不是法外之地。利用网络鼓吹推翻国家政权，煽动宗教极端主义，宣扬民族分裂思想，教唆暴力恐怖活动，等等，这样的行为要坚决制止和打击，决不能任其大行其道”[⑥]。网络内容安全包括“审查网络信息来源、对违法、不良信息的删除，阻止违法、不良信息的传播，保护国家秘密安全、保护商业机密不被泄露 、保护个人隐私不被侵犯等”[⑦]。“在我国互联网立法中，网络空间内容规制法律规范长期占据重要位置。”[⑧]

“网络文化安全是一个国家的网络文化系统保持良性持续的运转并且免受不良内容的侵害，在为本国的文化价值体系发展提供持续动力的同时在网络层面上维护本国意识形态占据主流地位。”[⑨] 因此，“断代、断根、断联、断源”的治理目

---

① 黄庭满：《论习近平的网络空间治理新理念新思想新战略》，http://www. xinhuanet. com//politics/2016-09/27/c_129301058. htm，2018 年 12 月 9 日访问。

② 程世平、陶晶：《“多维场域”下影响新疆网络意识形态安全的主要因素分析》，载《学术探索》2018 年第 7 期。

③ 党的十九大报告提出，要加强互联网内容建设，建立网络综合治理体系，营造清朗的网络空间。

④ 舒华英：《互联网治理的分层模型及其生命周期》，载《通信发展战略与管理创新学术研讨会论文集》2006 年第 428—432 页。

⑤ 鲁传颖：《网络空间治理与多利益攸关方理论》，时事出版社 2016 年版，第 92—93 页。

⑥ 参见习近平在网络安全和信息化工作座谈会上的讲话，2016 年 4 月 19 日。

⑦ 马闻慧：《日本网络信息内容安全的治理机制及对中国的启示》，华中科技大学 2013 年硕士学位论文。

⑧ 叶强：《论新时代网络综合治理法律体系的建立》，载《情报杂志》2018 年第 5 期。

⑨ 王雪莹：《当前我国网络文化安全问题与网络治理策略研究》，东华理工大学 2016 年硕士学位论文。

标，其实质就是要正本清源，彻底清除网上网下的暴力恐怖、宗教极端、民族分裂以及谣言和虚假信息。这其中的关键要义就是要根除那些有毒有害的思想。

1.3.3 完善网络空间安全法律治理框架

法律治理是网络内容安全治理的重要手段。在综合治理视域下，明确网络信息内容生产者、网络信息内容服务平台、网络信息内容服务使用者各主体参与生态治理的义务，规定各治理主体相应的法律责任，是建构网络内容安全法治体系的基本要求。[①] 治理本身并不排斥法治，相反，法治为治理提供了框架和保障。不能把法治简单地视作治理的要素之一，而过度强调自治、非正式制度乃至"软法"的地位和作用。现代法治吸收了治理理念和治理机制，并把治理作为自身的有机构成，也正是在法治之下，治理主体多元和治理规则多样成为可能，并形成共治和善治。因此，"法治与治理不是包含与被包含的关系，也不是平行关系，其科学的定位为：法治是治理的高级形态，法治是治理的基本方式"[②]。

在应对网络安全威胁方面，技术防控是必须要采取的措施，但是，从风险防控角度讲，仅技术控制是不足以防范违法有害信息传播产生的网络安全风险的，若"技术的对抗措施离开法律的框架，则难以取得遏制网络恐怖活动的正面效果"[③]。比如即使那些先进的审核信息和过滤技术，在刻意隐藏和编造的信息面前都显得有些无能为力，而且再领先的加密技术也可以被规避和破解。戴维•约翰逊（David Johnson）和戴维•波斯特（David Post）指出"无视地理界线的电子媒介的出现带来了崭新的现象，从而使法律陷入混乱。这一现象需要清晰的法律规则来调整"[④]。对此，通过法律手段规制危害网络安全的行为，政策和立法在此方面应发挥积极的能动作用，"政府更多的积极干预可使网络更加可规制"[⑤]，而且政府也应该如此，从而确保网络架构规制权。"现代国家，尤其是实行法治的国家，为达成施政目标，无不依赖具体的法律；发展科技，亦不能例外"[⑥]，毕竟，拥有强制力作为后盾的法律制度依然是使技术发展不利影响得到切实的控制的有效方式。至此可

---

① 赵丽莉：《识别、评估、惩治：建构网络信息内容传播风险管控机制》，载《中国信息安全》2020年第2期。

② 汪习根、何苗：《治理法治化的理论基础与模式构建》，载《中共中央党校学报》2015年第2期。

③ 皮勇：《网络恐怖活动犯罪及其整体法律对策》，载《环球法律评论》2013年第1期。

④〔美〕劳伦斯•莱斯格：《代码2.0：网络空间中的法律》，李旭、姜丽楼、王文英译，中信出版社2004年版，第31页。

⑤〔美〕劳伦斯•莱斯格：《代码2.0：网络空间中的法律》，李旭、姜丽楼、王文英译，中信出版社2004年版，第64页。

⑥ 马汉宝：《法律思想与社会变迁》，清华大学出版社2008年版，第88页。

知，作为治理网络内容安全的有力手段——法律治理，其功能就在于降低网络风险，建立安全的网络活动环境，实现网络秩序的良性运转。

党的第十八届四中全会提出“依法治国、依宪执政、依法行政”的理念，党的十九大进一步强调坚持全面依法治国，深化依法治国实践，建立网络综合治理的体系，这些理念明确和清晰了国家网络空间法治体系建设的目标及路径，完善网络空间法律治理势在必行，这也是治理网络内容安全问题的重要路径。治理网络内容安全自然需要在法治框架内展开。法治思维实际上是一种底线思维。网络时代违法有害信息传播法律治理的完善可进一步丰富网络空间法律治理内容，推动网络内容安全治理实践的发展。

1.4 网络内容安全法律治理应秉持系统思维理念

理念是指对人们在实践中所形成的对待事物的认知模式，是与具体制度和文化密切联系的，具有实践性、共识性和操作性的价值、观点和方法。有学者指出法律理念是一种对法律本质及其发展规律的把握和建构，具有宏观性和整体性，高于法律概念、表象和意识。①

违法有害信息传播导致的网络安全事件指利用网络散布舆论或者直接发布、间接传播危害国家安全、社会稳定和公共利益的虚假、恐怖主义等内容而导致的网络安全事件。鉴于网络时代违法有害信息传播具有动态性，故此，探索确立“积极预防、综合治理”的风险过程控制型理念对违法有害传播产生的风险和威胁进行动态控制是报告提出适用该理念的重要前提，这一理念引领下的法律规范重视对传播风险的过程控制，重视预防性措施、实时态势感知措施、过程控制性措施、以及责任主体的“协同治理”。

1.4.1 通过法律规范确保法律治理动态平衡

法律治理是一个与管理、治理有关的概念，但同时区别于管理和治理。

1. 管理与法律治理

管理与法律治理都需要明确的目标，并且实施一定的活动来确保任务的达成。但二者的实施途径不同。管理活动是组织者为了确保目标实现，而进行任务分配、进度监管等活动，确保组织目标得以实现，侧重于目标实现与否，且其实现目标所应用的手段是多元的，可以是政治手段、经济手段，还可以是社会手段；而法律治理是通过运用法律的方法来调控社会中的各种矛盾，使社会矛盾趋于缓

① 李双元、蒋新苗、蒋茂凝：《中国法律理念的现代化》，载《法学研究》1996年第3期。

和，其实施途径是单一的，必须应用法律的方法，而不是其他的各种手段。总的来说，法律治理的过程不可避免地会用到管理的方法，但管理的过程不一定会需要法律手段，法律治理相对于管理活动而言，其更具专业化的特征，需要专门的法律工作者提出相应的法律方法来对社会进行控制和引导。

2. 治理与法律治理

治理和法律治理应该是母子关系，法律治理包含于治理之中，但法律治理又以其专业性区别于治理。治理意味着国家（政府）－社会关系的调整，更多地强调多种社会力量参与下的资源调配与控制，是为了应对原先政治社会格局中的不可治理性；而法律治理更多地是指应用法律的方法，来调控众多社会领域出现的问题，利用法律的规范性、强制性与国家意志性得到人们的信赖与服从，从而有利于社会问题的解决，其适用范围绝不仅限于政治社会格局，还包括经济和生态等问题。所以，治理和法律治理实施的侧重点有所区别。

通过上述分析，我们可以认为法律治理是指通过法律规范对人的行为及其所构成的社会关系的调整和引导，通过法的功能和作用的基本体现，使各种社会活动的各个主体，在政治、经济、社会、生态、文化等诸多领域，通过法律规范明确各个主体的责任和界限，发挥法律作为一种社会规范的作用，实现社会关系有序状态的过程。

1.4.2 体现法律治理系统性

法律治理作为社会治理的一种手段，因其治理基础是法律规范，所以具有一些不同于其他治理的特点。习近平法治思想的一个特点就是坚持系统思维，“坚持立足全局看法治、着眼整体行法治”[①]。

1. 协作性

法律治理具有协作性，因为法律治理的作用被发挥是离不开各个社会参与主体的配合的。一旦法律治理有了明确的内容，就离不开社会上各个主体的协作与配合，当各个社会主体长期在一个法律指导的大框架下共事合作，其便会越来越有默契，并且逐步构成一个可以合理科学地搭配并且可以相互补充的一种群体构架。环境污染的法律治理就是一个很好地发挥法律治理协作性的例子，在环境污染防治的法律治理过程中，首先需要法律工作者根据环境污染状况制定出相应的治理措施，其次需要政府部门将这些治理措施细化为政府规定或政策等内容，之后需要社会大众的遵守执行，在此需要有关部门或人员监管相应的规定或政策执行力度，最后由专家评估执行效果，这个过程就需要很多主体来共同参与完成，由

① 黄文艺：《论习近平法治思想的形成发展、鲜明特色与重大意义》，载《河南大学学报（社会科学版）》2021年第3期。

此推动环境污染的法律治理进程。要想充分发挥法律治理的作用，协作是必不可少的，同时在其过程中，协作可以使法律治理发挥“一加一大于二”的效果。相对来说，如果法律治理偏离协作的方向，其价值也会相对有所下降。

2. 确定性

法律治理是具有确定性的。法律治理的确定性有两种表现形式，第一种表现形式，首先在法律规定本身来说，可以参考诸如民法、刑法、宪法等规范性法律文件，这些规范性法律文件通过规定人们在法律上的权利义务以及违反法律规定应承担的责任来调整人们的行为，同时，它们也作为一种行为标准和尺度，衡量、判断人们行为的合法与否，进而在法律治理的过程中为其提供指引；第二种表现形式是从法律规定的作用来讲，法律代表国家机关关于人们应当如何行为的意见和态度，国家机关的法律态度要以达到目的为根据，正如“故圣人为法，必使之明白易知”所表现的一样，制定的法律是有明确的内容的，不会出现朝令夕改的现象，因此根据法律的作用和规范进行的法律治理必然也具有确定性。

3. 意志性

法律是以国家强制力保证实施的。规范实施法律是运用法律规范来调整社会关系和维护社会秩序。法是统治阶级意志的体现。马克思和恩格斯在《共产党宣言》中指出，法律是上升为国家意志的统治阶级意志的体现。法的第一层次的本质是国家意志。法律是统治阶级或取得胜利并掌握国家政权的阶级的意志的体现。统治阶级利用掌握国家政权这一政治优势，有必要也有可能将本阶级的意志上升为国家意志，然后体现为国家的法律。法律所体现的统治阶级意志不是统治阶级内部各党派、集团及某个成员的个别意志，也不是这些个别意志的简单相加，而是统治阶级的整体意志、共同意志或根本意志。这种共同意志或根本意志是统治阶级作为一个整体在政治上、经济上的根本利益的反映。所以，法律治理的过程实际上就是各个阶级的意志在某一方面的具体反映，体现着一定的意志性。

4. 普遍性

法律是对社会具有普遍约束力的规范，经验和教训使我们深刻认识到，法治是治国理政不可或缺的重要手段。法治兴则国家兴，法治衰则国家乱。什么时候重视法治、法治昌明，什么时候就国泰民安；什么时候忽视法治、法治松弛，什么时候就国乱民怨。法律是什么？最形象的说法就是准绳。用法律的准绳去衡量、规范、引导社会生活，就是法律治理。现今社会生活中，各个领域、行业，不断涌现出各种新问题，需要新的方法来解决这些问题。而法律治理作为一种运用法律规范对人的行为及其所构成的社会关系进行调整和引导，发挥法的功能和作用，调解社会活动的各个主体在政治、经济、社会、生态、文化等诸多领域的矛盾，并通过法律规范明确各个主体的责任和界限,发挥法律作为一种社会规范的作用,实现社会关系有序状态的一个过程,必然会在社会生活的各个领域发挥其作用。所以,法律治理并不仅仅适用于法律相关领域,其他诸如生态、经济、政治等方面的问题也同样适用法律治理。

5. **动态性**

法所体现的意志由一定的物质生活条件所决定。马克思认为,法的关系正像国家的形式一样,既不能从它们本身来理解,也不能从所谓人类精神的一般发展来理解,相反,它们根源于物质的生活关系。马克思和恩格斯在《德意志意识形态》中指出,法律是国家意志的体现,而国家意志实质上是统治阶级的共同利益的反映。但法律并不是以意志为基础的,而是由物质生活条件决定的。不以人的意志为转移的物质生活,即相互制约的生产方式和交往形式,是国家意志和统治意志的现实基础。物质生活条件是指人类社会所包括的地理环境、人口、物质资料的生产方式诸方面,主要指统治阶级赖以建立起政治统治的经济关系。从根本上讲,法律决定于一定的经济关系。法律的产生、发展、性质、内容都受制于一定的经济关系。所以,根据法律规范进行的法律治理是具有动态性的,不会一成不变,而会跟着社会的发展以及问题的不断出现,相反,也会因为某种社会现象趋于缓和而使法律治理减少对其的规制。因此,法律治理的内容本身会随着社会生活的变迁而不断变迁,不会一成不变,只会不断与时俱进,不断紧跟时代步伐,与时代同步发展。

1.4.3 进一步强化"积极预防与控制"法律治理理念

源自网络的安全风险的一个突出的特点是其动态性。引入以控制论为理论基础确立的"风险预防与控制"理念是网络空间安全治理理念的重要范式变革。网络社会治理需要创新,那么针对网络社会的安全风险防范理念和机制需要与时俱进。故顺应网络空间的规制难点和重点,基于控制论和系统论的网络安全风险预防与控制理念被提出。这一理念的实施涉及三个层面:① 预测风险和隐患;② 形成和公布预警方案;③ 实施应对网络安全危机的措施。在网络空间中,为避免信息内容受到破坏、泄露、篡改及不可用造成的危害和损失,避免违法有害信息在互联网传播,需要形成一套规制体系,实时监测网络内容安全状态。这就要求用于保障网络内容安全的法律制度应当高度重视对网络内容安全风险的动态防控。两个相互关联的规制内容因此将被涉及:① 预防、阻止、检测、限制、纠正、恢复和监视网络信息内容安全事件;② 确保网络信息系统功能的整体性,以及信息内容的可控性。网络内容安全法治所要确立的防控体系和规制措施与网络内容安全事件的发生概率之间具有共时性。要么使它不发生,或者难以发生;如果发生了,要知道它在哪,该怎么办。

网络内容安全风险防控的特点决定了不能等到出了问题之后才进行调整，应当实施过程管理和控制。风险预防与控制理念是系统控制理论的重要实践，风险防控规制不能只是理解为“命令和控制”的指令，或者预先设定的可对结果进行评价的规则种类。[①]当前的防控实践多采取“结果控制型”，对“过程控制”的运用和实践是不充足和完善的。安全风险规制是以协同理论为指导的综合治理模式，建立以“预防、控制安全风险与打击犯罪为特征的，以建立快速应急响应机制为核心、实施安全等级工程，调动社会网络内容安全服务机构力量协同监管为策略的”风险规制机制。[②]

研究显示，法律在保护和鼓励创新，及促进社会发展中发挥着框架和支撑作用。当然，技术进步和创新需求也要求法律规定与时俱进，为技术创新提供更充足的保障和生存空间。当然，技术创新也有其消极面，同样需要法律来加以规制。通过法律来控制、消除和减少技术创新消极面，是有效方式和普遍共识。因此，面对网络内容安全风险这一特殊的调整对象，法律治理措施必须具备开放性、预见性、调适性、回应性、柔韧性，以确保其能为长期规范网络内容安全风险治理行为提供可靠的保障。

作为网络空间安全的重要部分，网络内容安全风险具有动态特征，这就要求对这类风险实施整体性的预防与控制，法律治理应重视从结果转向过程，规制手段从惩罚转向预防，规制眼界从静态转向动态。

以此理念设置防控网络违法有害信息传播的法律治理机制，既要重视预防控制违法有害思想的传播，遏制诸如恐怖思想初期传播，又要重视诸如暴恐信息网络传播及时识别、阻断和控制，亦重视对制作、传播违法有害信息违法犯罪的严惩，进而构建立体式综合防控机制。“预防与控制”为理念下的治理规则强调在科学预测和评估基础上，以防控违法有害信息传播风险为重心，确定相应的调整对象和调整手段，形成以预防、控制、惩治功能为要素的过程控制型规范，更有助于建构综合治理体系，保持责权一致，适应违法有害信息网络传播风险的特点，设置具有事前控制特点和动态防控功能的治理机制，弥补法律治理因法规自身的滞后性和静态性所产生的不足。

① DK Mulligan. AK Perzanowski, The Magnificence of the Disaster: Reconstructing the SONY BMG Rootkit Incident, Berkeley Technology Law Journal, 2007 (6): 1161-1162.

② 马民虎:《网络安全法律问题及对策研究》，陕西科学技术出版社 2007 年版，第 26—28 页。

第2章

网络虚假信息传播治理

随着网络社会建设的持续推进,更多网民以网络为载体,以社交媒体为平台传播信息,信息的传播进入历史上最自由、最高效的阶段。网民享受信息传播便利的同时,互联网也成为虚假信息的重要传播途径。激进且负面的虚假信息扰乱人们的日常生活、阻碍经济发展、破坏社会稳定,给国家安全、公共机构以及社会民主法制进程带来巨大冲击,已成为当下全球性难题。因此,研究网络虚假信息及其传播规律,分析网络虚假信息在治理中尚存的问题,对有针对性地制定网络虚假信息控制策略、加强网络信息内容建设、提升网络治理能力等具有重要现实意义。

2.1 网络虚假信息的界定

网络虚假信息(Online Falsehoods)作为互联网的负面产物之一,从语义上来理解,可被拆分为网络和虚假信息两个部分。而虚假信息的出现要早于互联网,互联网这一信息技术工具成为虚假信息传播的新的客观载体。国内法律界学者杨征军等人从司法定罪的视角对“虚假信息”进行定义,其认为虚假信息包括三个要素,即信息的不真实性、误导性以及破坏性。2018年3月,欧盟委员会发布了一份《独立高级别专家组关于假新闻和网络虚假信息的研究报告》。该报告中所界定的虚假信息包括一切形式的不真实、不准确或误导性信息,其设计、提出和宣传的目的是故意造成公众伤害或牟利。该定义没有涉及在网上制造和传播非法内容(特别是诽谤、仇恨言论、煽动暴力)所产生的问题,因为这些内容依据欧盟或其他国家法律可以得到监管。虚假信息的驱动因素是经济利益或意识形态目的,不同受众和社区的接收、参与和放大可能会加剧这种情况。新加坡媒体亚洲新闻台(Channel NewsAsia)主编 Walter Fernandez 等指出公众通常将蓄意散播网络虚假信息(DOFs)与假新闻(Fake News)混为一谈,他强调蓄意散播网络虚假信息(DOFs)应至少符合以下三个标准:第一,传播的信息需被证实为虚假信息;第二,传播的信息种类包括文本、图像以及视频,所有信息需通过网络进行传播;第三,虚假信息的编造与传播行为应带有主观蓄意性。因此网络虚假信息可被定义为以互联网为载体,肆意在其中散播的缺乏准确性和真实性的文本、图像以及视频信息。①

2.2 网络虚假信息的传播特点

2.2.1 网络虚假信息传播速度快,辐射范围广

传统媒介时期,虚假信息传播的速度和范围都较为有限。凭借信息技术的发展,信息的传播速度不断加快,给新兴媒体奠定了技术基础,激发了新兴媒体在数目和规模上的爆发式增长。层出不穷的创意和网络社交模式不断涌现,形成了网络信息传播的"乘数效应"。此外,面对激烈的市场竞争以及读者需求,传统媒体行业积极运用新技术新应用,不断创新和拓展自身的传播方式,加快传统媒体的数字化发展,其内部审查制度潜在的道德风险问题也越来越受到人们的质疑。在这一背景下,网络虚假信息利用新兴媒体和传统媒体中的漏洞,借助"信息高速公路"平台,快速地传播到世界的每一个角落。

2.2.2 网络虚假信息更具"传播力"

2018年3月,*Science*刊发的一项研究中,VosoughiS等人通过对2006—2017年间社交用户发布在推特(Twitter)上经过验证的126 000条真实和虚假信息的差异性扩散进行研究,结果显示虚假信息的传播广度、速度、深度显著快于真实信息。研究人员给出的解释是,相对于真实信息,虚假信息更为新奇,更容易满足人们的猎奇心理,因此人们分享虚假信息的意愿更为强烈。②

2.2.3 传播手段多样,破坏性大

相对于传统媒体较为单一的信息传播模式,网络信息传播的手段更为多样,形式更为新颖,技术上的升级换代给网络虚假信息的传播提供了便利。多样的

① 《后真相时代:新加坡应对网络虚假信息的治理思路》,https://mp. weixin. qq. com/s/IGLn77pmluPNonZx_r5UMQ,2018年10月2日访问。

② 《后真相时代:新加坡应对网络虚假信息的治理思路》,https://mp. weixin. qq. com/s/IGLn77pmluPNonZx_r5UMQ,2018年10月2日访问。

传播手段使得网络虚假信息的受众更为广泛，政客、商人、选民等个体以及群体都遭受着网络虚假信息侵害，给政府以及社会带来巨大的冲击。牛津大学 Philip N.Howard 教授在研究美国总统大选前的网站流量时发现，推特上关于“摇摆州”密歇根州的新闻中，一半为垃圾信息或者虚假信息，另一半则来自专业的新闻媒体。中国企业同样遭受过虚假信息的打击，2013 年，中国记者曾撰文编造数篇有关工程机械巨头中联重科的虚假新闻，经过传统媒体和互联网的快速传播，给该企业带来极坏的社会影响，导致该公司股票交易价格下跌了 26.9%。

2.2.4 传播主体泛化，传播行为具有不确定性

自媒体时代下，信息的接受者又成为信息传播者，人人都可以作为信息的把关人（Gatekeeper），信息传播主体逐渐泛化。而不同传播主体在政治和经济利益、扭曲的心理快感等动机驱使的过程中，自发且带有主观随意性的编造以及散播网络虚假信息使得传播行为更具不确定性。[①]

2.3 大数据时代对政府网络虚假信息监测提出挑战

首先，图片和视频的普及加大了对网络虚假信息预判的难度。大数据时代，数据的结构正在发生变化，包括信息网页数据、文档数据、图片数据、音频数据和视频数据在内的非结构化数据占 80%，远远超过结构化数据，传统的数据挖掘算法都是基于封闭的结构化数据进行挖掘，对于半结构化或者非结构化数据无能为力，难以在微观和宏观上把控网络虚假信息整体变化趋势。

其次，政府自建大数据舆情中心，成本高昂。数据中心是大数据采集处理分析的工厂，虚假信息的监测离不开数据中心的支撑，但是数据中心动辄千万的高昂投资额，使得地方政府望而却步。

再次，微传播时代，对政府的及时响应要求高。随着微博、微信、新闻客户端等基于移动互联网技术开发应用的普及，网络虚假信息传播的速度更快，已经进入“秒传播”。而且在“人人都有麦克风”的时代，任何一个小的话题，都可能借由网民、意见领袖、媒体呈高速病毒式传播，从而演变成重大舆情事件，这就对及时捕捉和发现网络虚假信息，提出了更高的要求。

最后，大数据对人解读和运用数据的能力要求高。再智能的计算机软件也难以匹敌经验丰富的专家人脑。一方面，虚假信息分析研判预警属于前沿探索技术，

---

① 《后真相时代：新加坡应对网络虚假信息的治理思路》，https://mp.weixin.qq.com/s/IGLn77pmluPNonZx_r5UMQ，2018 年 10 月 20 日访问。

软件的准确率需要一定的时间和突发事件检验;另一方面,舆情隶属社会科学范畴,诸如社会心理、网络情绪等纯主观舆情指标很难分解为具体可量化指标,这些因素导致目前舆情系统必须辅以一定的专家人工服务。尤其是在舆情预警研判方面,专家人工服务能够提高舆情管理的效率和水平。

2.4 与时俱进:基于“过程控制”理念的虚假信息网络传播法律治理

随着互联网逐渐普及,网络社会的发展规模日益扩大,网络虚假信息等违法信息和不良信息的传播影响网络生态秩序,甚至可能对国家的稳定与社会的法治构成巨大威胁。而大数据、云计算、区块链、“互联网 +”等新技术新模式产生,数据跨境流动,云服务可加速风险和威胁,网络内容治理在社会综合治理这一系统工程中的重要性也日益突出。十九届中央委员会第四次全体会议提出推动“国家治理体系和治理能力现代化水平明显提高”。国家治理体系和治理能力现代化提出了网络信息内容生态治理新诉求,亟须创新的治理理念、治理模式和治理机制。

法律治理被视为网络内容安全治理的重要手段,完善的法律制度是依法治理的基础。网络的开放性对政府管控全部传输节点的根基产生威胁,如何弥补结果控制的不足,强化过程控制理念是虚假信息传播法律治理的重点。

2.4.1 识别:强化监测与预警应对网络信息传播的“乘数效应”

网络新技术的发展加大了监测虚假信息及其传播的难度。信息技术的发展,激发了新兴媒体在数目和规模上的爆发式增长,加快了传统媒体的数字化发展,新的传播业态、模式不断涌现,信息内容传播呈现“乘数效应”,传播者亦不再局限于某个区域,范围在不断扩大。网络违法虚假信息利用新兴媒体和传统媒体中的漏洞,借助“信息高速公路”平台,快速地传播到世界的每一个角落。而且实践显示,虚假信息的传播广度、速度、深度显著快于真实信息的传播。

监测和预警是获取虚假信息传播情报的重要前提,也是治理网络信息内容生态的重要前提。已有网络信息内容安全监测和预警主要针对病毒、漏洞、恶意软件、网络攻击等内容,对虚假信息专门性监测和预警机制尚须加强,需要依托特定区域网信、公安、各互联网管理单位、应急响应单位、网络信息内容服务平台先构建立体的省域监测通报与预警体系,重点提示对虚假信息安全威胁的发现能力、预警能力、防护能力和反制能力。显然,已有的制度和机制在此方面的设计不足。诸如《网络安全法》第 52 条中的“按照规定报送预警信息”等规定,在内容上过于模糊,报送时间、报送部门、未报送责任及报送程序等都不明确。网络安全监测预警和信息通报月报、年报制度，以及突发事件监测和报送制度尚须持续完善，以进一步明确常规预警、报送和突发事件预警和报送制度。实施上述措施时，需要平衡产业创新发展与安全保障的之间的矛盾关系。这是现行立法需要优先解决的问题，并对预防控制的实效产生积极影响。

在制度化的过程中，对于网络信息内容的监测与预警需要进一步明确网络安全主管部门的检查职责以及新闻传播、公安、文化、工商等相关行业部门在监测和预警虚假信息方面的职责，规定各管理主体承担专项风险监测任务，对其发生、扩散、影响的因素进行监测分析；实时对境外、国内尚未传播的虚假信息进行追踪、监测和分析。同时，网络运营单位，尤其是提供信息内容服务的网络服务者也应及时加强与行业主管部门和各级公安机关之间的信息监测通报和预警沟通，不得迟报、瞒报、漏报，也不得呈报虚假信息，否则应依法承担相应的责任。

此外，治理机制方面还需要加强虚假信息及其传播风险追踪能力建设。互联网便捷、快速、受众面大的特性使违法不良信息的传播具有隐蔽性、快捷性、影响大、危害深等特性，除及时识别发现之外，提升快速追踪虚假信息传播风险能力亦极为必要。这需要在组建的专业队伍中培养专业的追踪队伍，研发和使用专业的追踪设备，以技术手段封堵违法不良信息的传播，尤其是多语种的信息（文字、语音、图片、视频等）识别检索监测技术。同时需要追踪人员实时掌握信息传播的方式，包括账号、关注者、访问者、网络社群的追踪与筛查，网站，传播类媒介等。

基于此，有效的、职责明确的、细化的、可操作的监测和预警机制的设计是必要的。

2.4.2 评估：加强网络信息传播安全风险评估与服务精准化治理

风险评估是网络信息传播治理的重要环节，也是精准治理违法有害信息传播的重要基础和前提。虚假信息传播是网络内容安全风险的表征之一，其风险分析或者风险评估的建构是服务精准化治理的重要前提。国内外已有研究探索了各种风险评估方法与模式，诸如基于攻防博弈模型的安全分析与评估，基于半马尔柯夫过程的网络安全分析与评估模型；基于安全实例的实践评估法，但该类方法未给出求解系统相似性的判定、被评估系统安全需求和关键资产的确定等关键问题的有效解决方法。实践中，基于风险隐患生命周期闭环管理评估模式对网络内容安全风险评估任务进行分类分级管理，可有效应对违法有害信息传播风险反复出现的情况，可极大提高了风险发现及整改效率。具体而言有以下两点。

（1）设计虚假信息传播风险评估指标体系，加强其风险分析研判。

这需要在网络态势感知研判和处置机制建设中，将虚假信息传播风险纳入网络安全事件应对处置预案体系中。风险评估指标体系将是风险预判的重要环节，该指标应深度分析虚假信息的特性，诸如信息发布的主体、信息发布的来源（发布平台)、传播途径、信息传播范围(受众及其数量)、信息事件等级、视频图片言论(包括数量与时间长度)、网络舆情风险等指标,进而评估信息传播风险,为及时研判网络信息传播威胁,实施分级分类预警和响应措施提供可能,形成对违法信息、不良信息网络传播的预判与应对机制。

(2)据风险评估分析结果,确定传播风险等级,实现风险分类、分级管理。

利用网络的虚假信息传播风险是威胁网络安全的突出的网络安全事件。实施网络信息内容风险分级分类管理亦被认为是必要和实效的。有研究强调了虚假信息治理方面应注意基于虚假信息的内容、性质、社会危害性以及危害是否紧急等因素进行综合判断区分,并采取相应措施。[①] 对此,可依据风险评估分析结果,确定信息传播风险等级,实现风险分类、分级管理以服务于精准治理违法不良信息传播。对于虚假信息传播风险,可依据危害后果,参考已有安全事件分级分类指南,进一步细化各级风险界限和表征,并最终确定风险评估和分级分类结果。由于各信息安全风险间具有关联度,且网络内容安全风险具有综合性和变化性,一些风险可能在短期内从不损害国家安全、社会秩序和公共利益演变为相应的损害事件。因此,风险评估和分级分类管理如何适应动态的风险变化以及风险链问题是值得探讨的问题。虚假信息传播实践显示,基于专业信息的甄别性,基于信息区分的应急治理措施是必要的,从而有助于在法律界限与权力约束间找到平衡。

2.4.3 惩治:加强已有法律适用性分析以压实严格法律责任

法律治理是网络内容安全治理的重要手段。惩罚机制的确立是实现对虚假信息传播风险防控的最终反馈环节,通过具体的惩罚措施,规范网络空间各主体行为,控制虚假信息传播产生损害。因此,合理的法律责任设计可以引导网络信息内容生态向健康发展方向。面对重大事件虚假信息传播,应持续加强网上有害信息管控,规范诸如政府管理部门、网络服务提供者、用户等不同网络社会参与主体在治理虚假信息传播方面的法定义务和法律责任,共同应对违法有害信息传播威胁。加强已有法律制度在治理虚假信息传播方面的适用性,严格法律责任依然是今后虚假信息传播治理的重点。诸如,及时删除非法内容是否应有时间限制?行政罚款的额度是否应明确?通过网络社交平台制作、散发、讲授、发布违法信息的,其社会危害性如何确定?信息被获取者通过社交群转发的,是否应累计计算,定罪量刑中“情节严重情形”以制作、散发、讲授或发布信息及其载体的数量来衡量,还是以影响程度或曰对社会的危害后果来进行衡量……这些法律适用问题将是虚假信息网络信息传播治理应关注的内容。如此,才能真正压实法律责任,发挥法律惩治违法犯罪行为的效果。

---

① 林华:《网络谣言治理的政府机制:法律界限与权力约束》,载《财经法学》2019年第3期。

第3章

网络黑色产业(网络黑产)治理

研究报告显示,2018 年 3 500 万美国选民数据被泄露并出售,FBI 数万名特工信息在暗网被披露,某省 1 000 万学籍数据被出售,某动漫网站近千万用户数据被盗[①],还有如某数据库 2 亿中国公民的求职个人信息遭泄露,诸如姓名、电话号码、电子邮件等敏感信息被泄露。追踪溯源,这些数据信息泄露安全事件揭示了“网络黑色产业链”(简称“网络黑产”,也称“网络黑灰产业”)这一幕后黑手。网络黑产是通过网络技术架构衍生的非法产业体系。数据显示,2017 年我国网络安全产业规模为 450 多亿元,而网络黑灰产业已达千亿元规模。受垃圾短信、诈骗信息、个人信息泄露影响的网民达 6.88 亿,经济损失估算达 915 亿[②],仅暗扣话费的手机恶意应用可日掠夺话费数千万元。[③]网络黑产形形色色,凡是有数据、有流量、有利益的地方就有网络黑产。网络黑产通过“晒密”“撞库”“打码”“秒拨”“薅羊毛”等方式,做出窃取网络信息、实施网络攻击、散布病毒、贩卖非法有害商品、实施网络诈骗等违法犯罪行为。网络黑产触角已渗透网络运营商、通信、银行、保险、房产、卫生、交通、快递等跟公民信息和隐私数据紧密关联的产业中。面对网络黑产负面性的持续扩张,网络黑产治理成为网络内容治理的重要方面,而法律治理是网络黑产治理的重要手段。

---

① 360 威胁情报中心:《2018 年暗网非法数据交易总结》(2019-1-22),http://www.100ec.cn/detail--6492707.html.

② 南都大数据研究院、南都新业态法治研究中心、阿里巴巴集团安全部:《网络黑产治理研究报告(2018)》,载《南方都市报》,2018 年第 A14 版。

③ 腾讯安全:《2018 上半年互联网黑产研究报告》,https://slab.qq.com/news/authority/1751.html,2018 年 11 月 10 日访问。

3.1 网络黑产治理的提出

网络黑产是随着互联网的发展，存在于网络空间，从而被人们发现、认识。

3.1.1 网络黑产的内涵与外延

网络黑产的定义具有历史性和地域性，不同时间、不同国家和地区对于网络黑产有不同界定。目前，全球尚无关于网络黑产的统一概念，明确网络黑产的内涵和外延，达成阶段性的共识，是网络黑产治理的前提。网络黑产内涵与网络犯罪的概念紧密相连，指以互联网为利用载体，以营利为目的，有组织的，分工合作的，触犯国家法律形成的非法产业体系，是一种有组织的犯罪行为。如一些犯罪分子为追逐不法利益，利用互联网大肆倒卖公民个人信息，形成庞大"地下产业"和黑色利益链即是网络黑产的主要表现形态之一。相比较网络黑产的内涵，网络黑产具有扩张性与多元性外延，且已经开始被认识或逐渐达成一定的共识。有观点曾将网络黑产的类型做了概括，指出网络黑产主要包括"黑客攻击""盗取账号""钓鱼网站"三类违法活动。[①] 赛迪智库网络空间研究所研究人员认为网络黑产的类型主要分为技术类、社工类、涉黄涉非类三类(表 3-1)。[②] 网络黑产的外延与网络技术的进步有密切关系，甚至可以说，网络技术进步的背面即为网络黑产的进步。

表 3-1 网络黑色产业链类型

类型	表现类型	核心特征
技术类	网络窃密、散布病毒、网络攻击、恶意信息	利用网络技术实施危害行为
社工类	网络盗窃、精准诈骗、网络敲诈	通过社交工具来进行"业务拓展"
涉黄涉非类	网络色情、赌博、贩卖枪支弹药和违禁品	利用网络便捷性和难以追查性实施行为

3.1.2 网络黑产治理诉求的提出

网络黑产涉及海量个人信息贩卖、商业秘密贩卖、网络诈骗及培训、黑客技能分享与工具贩卖、知识产权侵害活动、恐怖主义、枪支弹药、毒品、色情信息等内容，已成为严重影响和侵害人们生产生活，甚至侵害国家安全、社会稳定和利益的威胁源。对于个人而言，个人信息的泄露、网络窃取、网络欺诈和网络诈骗等行为可使人身、财产岌岌可危；从企业的角度而言，其经营数据属于商业秘密，网络黑产对企业商业秘密窃取和贩卖，甚至直接针对企业赖以营利的网络流量。企业所

① 赵军、张建肖：《网络黑灰产治理须多管齐下》，载《中国信息安全》2017 年第 12 期。

② 刘权、李东格：《网络黑产：从暗涌到奔流》，载《互联网经济》2018 年第 6 期。

存储的用户数据，由于体量大，直接关乎广大用户的身份、财产、行踪轨迹、地址等敏感信息的安全，不仅损及企业的信誉和经营前景，甚至由此损害社会公共利益和国家利益。而网络黑产对国家、政府、军队等国家关键设施的攻击，贩卖非法违禁品的非法行为均使国家安全面临威胁。网络黑产发展实践显示其既涉及静态的数据与非法数据、信息、计算机信息系统，也包括动态的前述信息的掠夺侵害与非法传播，包括系统攻击、流量掠夺以及经营干扰与损害等行为。静态与动态的侵害模式实为对网络空间健康秩序的破坏，对网络信息内容完整性、保密性、可用性的破坏，使得网络空间的信息内容不可用、不可信赖，甚至直接对人身、财产以及生产经营活动产生损害。

目前，国内外对网络黑色产业链的研究更多关注其危害性，但缺乏对于网络黑产危害的延伸性、运行模式的变化性、已有治理规则的适应性分析，在具体治理方面尚缺乏基于法律、情报、网络安全综合治理对策的分析。Maria Todorof（2019）基于金融视角指出网络黑产技术不仅遍及整个互联网，而且数量非常大，有必要分析“暗网上的金融技术”如何影响金融部门的传统活动和金融科技活动。[①] Spalevic，Zaklina，Ilic，Milos（2017）指出了黑色产业滥用信息和通信技术，基于非法利润的目的窃取用户信息和数据，已形成新的犯罪活动，应基于其技术访问特性治理。[②] Haaszf，Amanda（2016）指出存在于暗网的网络黑产治理取证非常困难，跨境合作是重要举措。[③] 阿里巴巴安全部门负责人认为安全就是业务，基于黑色产业链的边界扩大、用户信息数据在不同平台的关联性，网络黑产治理应强调重视整个行业安全能力的提升。[④] 唐鑫（2014）指出通过切断网络黑产利益链，实施主动进攻整治。[⑤] 郭瑞（2015）分析了已有网络黑产的主要趋势和表现形态，指出了网络黑产的“互联网 +”模式，认为被动防御不足以治理网络黑产，应加强信息安全的“互联网 +”。[⑥] 郝珊珊（2011）提出多管齐下，共同治理的治理措施。[⑦] 陈

---

① Todorof, M, FinTech on the Dark Web: the rise of cryptos, Journal of the Academy of European Law, 2019（3）: 1-20.

② Weber J, Kruisbergen E W, Criminal markets: the dark web, money laundering and counterstrategies - An overview of the 10th Research Conference on Organized Crime, Trends in Organized Crime: 1-11.

③ Haaszf, Amanda, Underneath It All: Policing International Child Pornography On The Dark Web, Syracuse Journal of International Law & Commerce, Spring2016, 43（2）: 353-380.

④ Haaszf, Amanda, Underneath It All: Policing International Child Pornography On The Dark Web, Syracuse Journal of International Law & Commerce, Spring2016, 43（2）: 353-380.

⑤ 唐鑫：《网络入侵攻击黑色产业链分析》，载《网络安全技术与应用》2014 年第 6 期。

⑥ 郭瑞：《网络黑色产业链：犯罪组织的“互联网 +”》，载《信息安全与技术》2015 年第 6 期。

⑦ 郝珊珊：《网络病毒黑色产业链问题与对策》，载《铁道警官高等专科学校学报》2011 年第 1 期。

明奇(2011)分析认为应从文化(行业自律)、技术(健壮)、法律(立法完善和执法加强)、经济(限制获利)四个方面应对黑色产业链危害。①

总体而言,网络黑产犯罪手段在不断升级,发展规模在持续扩大,类型在多元化,攻击更精准,安全威胁形势更严峻。治理网络黑产已成为政府、社会、民众的重要诉求,现有研究缺乏综合法律、技术、情报、安全的系统化治理机制。对此,应深度挖掘网络黑产的负外部性影响,梳理已有治理规则的,创新网络黑产治理理念,确立主动防御理念和治理措施,细化已有治理规则;加强网络黑产威胁情报信息共享和行动协作。

3.2 网络黑产负外部性分析

外部性通常分为正外部性和负外部性,负外部性指某一市场主体行为在获得自身效益时给他人带来了不利的影响。② 技术的生成过程本身反映一种利益的现实化。③ 利益驱动是网络黑产自发性野蛮生长的诱因。手段多元化、分工专业化、操作工具化、组织团伙化、产品商业化的网络黑产已成为营造清朗网络空间秩序的蛀虫,负外部性持续扩张。

3.2.1 逐利性推动网络黑产技术不断升级

目前,云计算、CDN、大数据、人工智能等新技术已成为网络黑产犯罪产业链的重要工具。追溯网络黑产的发展历程,其依赖于网络技术的发展而不断壮大,网络黑产是网络技术普及的一个背面,网络黑产所利用的技术就是网络技术本身。在利益目的的推动下,网络攻击工具、技术应用等网络黑产技术只有不断升级、更新、迭代,才能规避互联网正面技术的制约、限制与打击。这是网络黑产生存的前提。360 公司关于勒索软件的安全研究数据显示(图 3-1),2017 年以前勒索软件传播方式较为单调,而在 2017 年以后,出现了包括服务器入侵、漏洞自动攻击、软件供应链攻击等多种升级的传播方式,即使是电子邮件方式,相比 2017 年而言亦实现了定向和无差别的功能。进一步分析 2018 年的勒索病毒传播方式(图 3-2),其更加新颖和便宜。其中,远程桌面入侵方式占比最高,其次是共享文件夹入侵,排在第三的是 U 盘蠕虫传播,这也是首次发现的传播方式。还有,如腾讯安全发

---

① 陈明奇:《我国互联网灰色产业链分析及其法律应对措施》,载《政法论丛》2011 年第 2 期。

② 赵丽莉:《著作权技术保护措施信息安全遵从制度研究》,武汉大学出版社 2016 年版,第 61 页。

③ 赵丽莉:《著作权技术保护措施信息安全遵从制度研究》,武汉大学出版社 2016 年版,第 101 页。

布的《2018 上半年互联网黑产研究报告》显示，被称为黑产超级武器的云加载技术已进入 3.0 时代，该技术的应用可使得网络黑产产业成本低廉，但获利和损害均远高于投入。[①] 2017 年 4 月，shadow broker 公布 NSA（美国国家安全局）方程式组织的漏洞攻击武器"永恒之蓝"，"永恒之蓝"漏洞利用的攻击是一种"主动式攻击"，黑客只需要向目标发送攻击数据包，而不需要目标进行额外的操作，即可完成攻击。之后较为知名的挖矿木马侵害活动多配备了"永恒之蓝"模块。

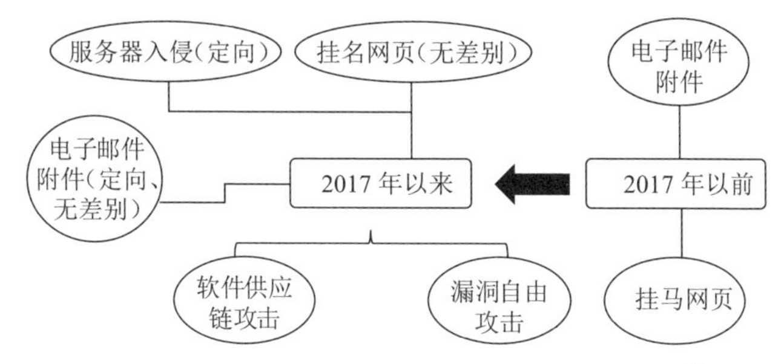

图 3-1　2017 年及之前勒索软件传播方式对比[②]

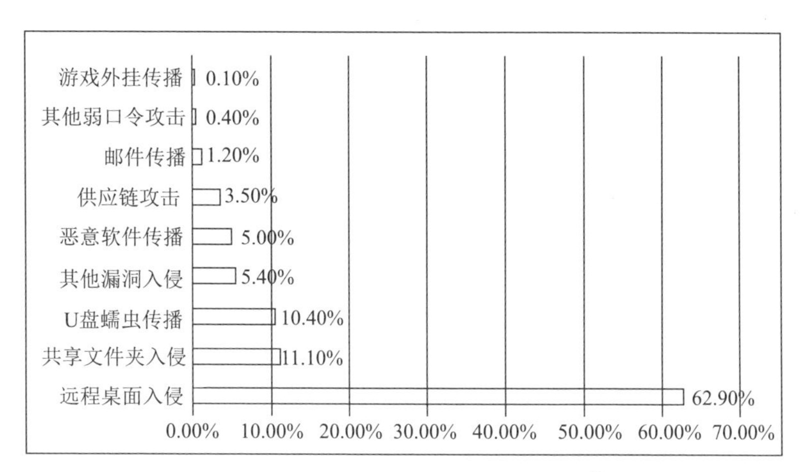

图 3-2　2018 年勒索病毒传播方式[③]

逐利性推动网络黑产技术不断升级，进而产生新的犯罪手段，诸如恶意扣资、盗版软件、隐私窃取、恶意程序修改、信息贩卖、恶意程序拦截物理信息进行诈骗、远程控制、系统破坏、钓鱼盗号等，这给网络黑产技术治理与法律治理带来较大的

① 腾讯安全：《2018 上半年互联网黑产研究报告》，https://slab.qq.com/news/authority/1751.html，2018 年 11 月 10 日访问。

② 来源：360 互联网安全中心《WannaCry 一周年勒索软件威胁形势分析报告》

③ 来源：360 互联网安全中心《2018 年勒索病毒疫情分析报告》

挑战，尤其是执法部门无法及时对此进行回应。

3.2.2 网络黑产运行从个体到团伙再到平台

以网络安全攻击为例，从近30多年来全球网络安全大事件看，危害网络安全的行为已从最初个人掌握技术之后的好奇、炫耀，发展到两人以上的团伙互相配合，甚至成立黑客组织，进行体系化、有组织的网络攻击活动。当前，网络攻击威胁已经不再是偶然的、体系化的攻击，而是常态化、不特定、无组织的大规模、大范围的网络攻击。然而，从个体到团伙再到平台，不等同于个体和团伙已经不存在，有配合有组织的模式仍然存在，只是在现阶段有了新的形态存在，即利用平台，量级提升非法活动的效率、规模和破坏程度。个体或单独的活动不等于其活动本身完全脱离对其他环节的依赖，例如网络诈骗活动一般依赖于上游的个人信息贩卖活动，整体上是一个链条化的活动，组织性在此体现为脱离个体层面的、不同环节非法行为层层推进的非法活动。最后，平台化运营的网络黑产活动，平台的角色即让参与其中的个体成为有共谋、共同从事违法犯罪活动或者成为并没有共谋的共同实现违法犯罪活动的依赖或称媒介。这样的媒介作用将参与方主观知悉或客观并不完全知悉地联系起来，促进了违法犯罪活动的实现，从而使这些参与方的违法犯罪活动成为链条上的活动。

由此可见，从个体、团伙到平台，其活动主体、分工合作模式有了升级迭代，效率、影响范围、危害程度有了量级的提升。当然，在现阶段，个体的作用并不意味着一定低于团伙或者平台。例如，蠕虫类病毒、DDOS攻击、流量劫持、非法信息传播，甚至个人信息、数据盗取、篡改等不需要更多人力即可实现。

3.2.3 网络黑产导致损害延伸性

恶意利用网络技术，其损害经常超出最初目的，并不断延伸。这体现在四个方面。

（1）逐利性致损害延伸。行为人为了追求非法获取信息从而盈利的目的，会选择采取攻击规模更大、传播范围更广的技术手段，并多元化其黑产链模式，如此损害程度亦高。比如，浙江侦破的一起盗刷虚拟商品案件中，为达到非法获利目的，盗刷团伙形成包括自下而上的撞库团伙（购买账号密码进行撞库，获取账号密码）；黑客团伙（通过漏洞注入等方式窃取他人用户名和密码，盗刷银行卡）、中介团伙（负责低买高卖撞库和攻击获得的信息）和盗刷团伙（成立工作室，获取信息后，大量盗刷虚拟商品，非法获利）。

（2）行为人在知道或应知可能会带来哪些损害甚至远超出其预期时，并没有强动力去采取措施重新规划，适当实施其行为。比如，在实践中存在一种“兼职认证”人与账号黑产勾结的情况，在认证店铺过程中，“兼职人员”（个人信息侵犯的受害者）在他人指导下完成认证后将店铺交给对方。在认证过程中，“兼职人员”存在一定的明知性，或者知道会被转卖，但不知道会转卖几次，甚至可能自愿签署“授权书”。此时的“兼职认证”，基于利益性并没有强动力重新规划自身行为，适当实施其行为，结果导致助推账号黑产的买卖交易行为，导致损害延伸性。

（3）行为人并没有动机去减少损害或评估所带来的损害。比如一些网络论坛、社交群组的网络传播平台，违法信息和广告随处可见、制作犯罪工具的教程公开可得。这些平台使获取犯罪工具的成本降低，但是在不影响平台利益的情形下，这些平台可能会由此放任此类交易和交流行为的进行，从而延伸了网络黑产的损害性。

（4）不可排除有很多行为人自己并未意识到可能造成的扩张性、延伸性的影响。以个人信息侵害行为与网络诈骗的关系示例：其一，未意识损害的直接扩张。较为常见的情况是非法侵入计算机信息系统情形。部分犯罪主体对于哪些是国家事务机关或其他重要单位、关键信息基础设施缺乏主观上的认识，导致犯罪行为的危害高于其主观认识，甚至直接造成其他扩张性影响，例如攻击重要服务单位会影响到该服务用户的生产生活。其二，未意识损害的间接扩张。典型的如徐玉玉事件，一项行为人所认为的网络诈骗，以非法获取他人财产为目的，但是其主观上可能并未意识到会造成某个受害者的自杀行为，未认识到损害的间接扩张；或者如前条所述，虽然意识到有一定的可能性，但并没有动力主动避免。其三，未意识到其行为在其他犯罪中的关键作用，或可能造成进一步犯罪。例如盗窃和贩卖个人信息的行为，在网络诈骗环节起到重要作用。

综上，基于上述情形，网络黑产所带来的损害，从总量上，远远要大于其所获得的利益。对于延伸性的损害，造成弥补与治理的成本大大增加。

3.2.4 网络黑产侵害对象跨地域与全球性

网络黑产最集中的地方是最能谋取利益的地方。网络黑产范围越广，越符合其盈利目的。网络空间的任一环节受到网络黑产的破坏，都有可能造成更大范围的损害。以侵害个人信息黑产为例：首先，从个人的角度而言，个人手机通信录包含其所有好友的信息，家人长辈、亲戚朋友、领导同事等，进入某一个人的手机信息系统，就有可能侵害其通信录里所有人的个人信息；其次，从正当经营的互联网企业的角度分析，企业之间存在普遍的流量合作，一旦流量被网络黑产损害，参与合作的企业利益均会受到损害；最后，从国家与地区角度分析，一些网络黑产侵害行为并没有区分国别的初衷，侵害对象遍布全球，影响深远，这体现在实施主体、行为、侵害对象、结果等因素的跨地域、全球性。据360公司2017、2018年的安全研究数据研究显示（图3-3，图3-4，表3-2），钓鱼木马攻击、勒索软件攻击的犯罪主体与APT（高级持续性威胁）攻击结果即具有跨境性、全球性的特点。侵害对象不分境内与境外、私权利主体与公权力主体，不分私营小规模网络服务提供者和关键信息基础设施运营者，其带来的不仅是私人利益的损害，更是公共利益、国家利益的损害。而实施主体跨境合作、危害结果跨境更是近年网络黑产获得广泛关注的原因之一。“2017 全球 APT 研究关注被攻击国家排行”（表 3-2）显示，被攻击目标涵盖了北美、亚洲、欧洲的 14 个国家，攻击领域包括政府、能源、互联网、航天、金融、科研、电信、关键基础设置、大型企业、军队等多个领域。

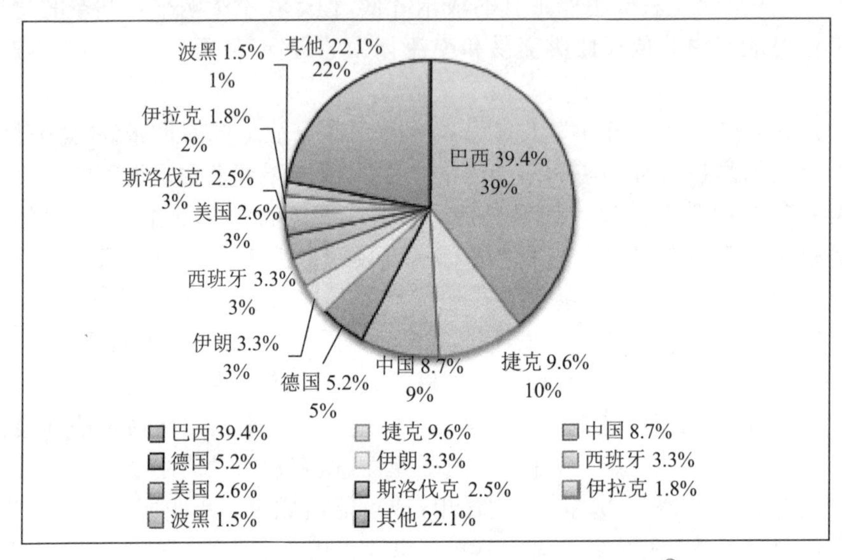

图 3-3 2017 年钓鱼邮件发送源全球分布情况①

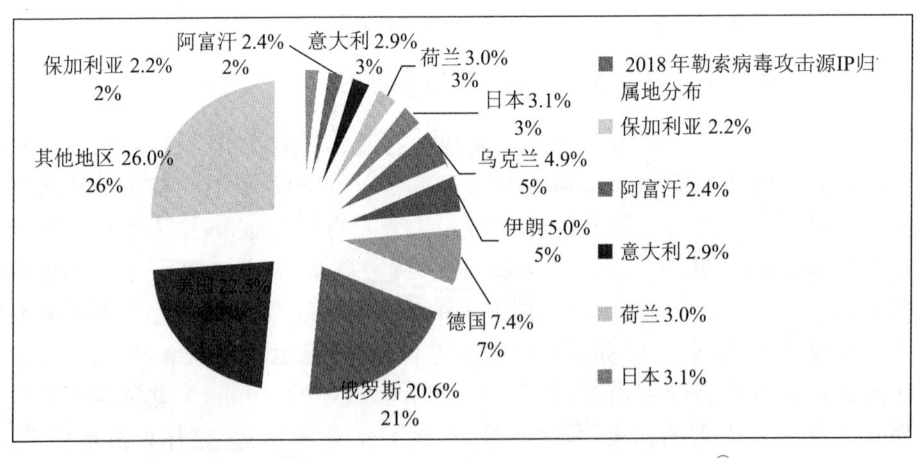

图 3-4 2018 年勒索软件攻击者 IP 全球分布情况②

① 来源：360 公司威胁情报中心《2017 中国企业邮箱安全性研究报告》

② 来源：360 公司互联网安全中心《2018 年勒索病毒疫情分析报告》

表3-2 2017年全球APT研究关注被攻击国家排行①

被攻击目标国家	所属地区	相关报告数量	共计组织数量	主要被攻击领域
美国	北美	14	7	政府、能源、IT/互联网、媒体、航天、金融、酒店、军队、大型企业、关键基础设施
中国	亚洲	12	7	政府、互联网、军队、电信、媒体、航天、金融、科研、关键基础设施
沙特阿拉伯	亚洲	8	4	政府、能源、IT/互联网、军队、航天、化工、大型企业
韩国	亚洲	6	5	互联网、金融、能源、交通
以色列	亚洲	5	5	政府、IT/互联网、航天、媒体、军队、电信、金融、大型企业
土耳其	亚洲	4	2	政府、能源、工业、大型企业、IT、电信、媒体、航天、金融
日本	亚洲	3	3	政府
法国	欧洲	3	2	政府
俄罗斯	欧洲	3	2	政府、金融
德国	欧洲	3	3	政府、军队、大型企业、IT
西班牙	欧洲	2	2	金融
巴基斯坦	亚洲	2	2	互联网、媒体、关键基础设施
英国	欧洲	2	2	政府、电信、媒体、航天、金融、教育

3.3 我国网络黑产治理实践

关于网络黑产规模，公开数据显示，2017年我国网络安全产业规模为450多亿元，但黑灰产业比安全产业发展更为野蛮。有业内人士认为，网络黑灰产业已达千亿元规模。从各国统计数据来看，通过技术等犯罪行为实施偷盗、诈骗、敲诈的案件数，在以每年30%的速度增长。②关于网络黑产，互联网行业业内已经多有研究和了解，甚至有分析人士总结出网络黑产五件套：晒密、撞库、打码、秒拨、薅羊毛。③关于黑产的发展场所，国外安全公司McAfee的一份针对中国黑产从

① 来源：360公司威胁情报中心《2017中国高级持续性威胁（APT）研究报告》

② 王琦：《南都联合阿里发布黑灰产报告：披露专业黑灰产平台今年已达数百个》，https://m.mp.oeeee.com/a/BAAFRD00002018082197814.html，2018年1月10日访问。

③ 知乎：《黑客黑产里的五件套都是什么？》，https://www.zhihu.com/question/27801474/answer/421866159，2018年10月15日访问。

业者的研究报告显示，与美国和俄罗斯同行严重依赖暗网进行网络犯罪不同，中国的黑产从业者更多的是通过社交工具进行“业务拓展”。但是，暗网上大量充斥着网络黑产，海量个人信息贩卖、商业秘密贩卖、网络诈骗及培训、黑客技能分享与工具贩卖、知识产权侵害活动、恐怖主义、枪支弹药、毒品、色情信息等严重影响和侵害人们生产生活，甚至侵害国家利益。从近年的数据泄露事件来看，中国大量用户信息已经被在暗网上售卖。最新的勒索蠕虫病毒、挖矿木马等非法活动，其侵害行为并没有区分国别的初衷，侵害对象遍布全球，亦不分私人主体或是公权力机关。由于紧跟技术前沿，网络黑产所利用的网络技术和应用场景更加新颖和多元，这一特点给网络黑产的治理带来很多挑战，尤其是其所应用的匿名技术。以暗网为例，由于各国政策倾向不同和暗网本身所具备的去中心化、匿名性的特点，即使暗网充满了非法的信息内容，但仍然难以对其进行非常行之有效的治理。

3.3.1 企业积极推动研究

网络黑产根植于网络，不仅针对个人，更威胁到互联网企业的生产经营活动。因此，有更多动力去研究黑产并不断加强技术措施，防范黑产的侵蚀。例如，360公司发布最新流量黑产报告[①]、360起底移动平台黑产运作，企业级合作成趋势，360手机卫士发布《2016年安卓手机恶意软件专题报告》[②]，腾讯发布2018上半年黑产研究报告、阿里联合南方都市报发布《2018网络黑灰产治理研究报告》。[③]由于网络黑产直接危及互联网企业的正常经营活动，因此，在网络黑产治理方面互联网企业具有较强的原动力。网络安全企业因为自身的价值观与保障安全的使命感，同样非常关注网络黑产的活动分析以及治理措施的探究。当然，一些典型行业也相当重视网络黑产治理问题，例如，金融和大数据行业。

3.3.2 执法不断深入和创新

打击网络黑产专项行动的代表，例如扫黄打非“净网行动”，强调强化企业责任，加强重点环节的安全管理，不断提高技术检测处置能力等重要内容。打击侵犯知识产权的“剑网行动”，参与的单位有国家版权局、工信部、网信办、国务院办公厅、公安部和地方政府等单位，已经持续10年之久。天津市人民政府发布关于

---

① 木子：《360发最新流量黑产报告：StealthBot木马爆发150余小众手机品牌受影响》，https://www.leiphone.com/news/201804/QPTPy46LprxOGi7Y.html，2018年10月20日访问。

② 彭科峰：《360起底移动平台黑产运作 企业级合作成趋势》，http://news.sciencenet.cn/htmlnews/2017/3/369697.shtm，2018年10月15日访问。

③ 法制日报：《网络黑灰产业已达千亿规模 面临取证困难等治理困境》，http://www.xinhuanet.com/2018-08/23/c_1123312072.htm，2018年10月6日访问。

落实国务院《政府工作报告》重点工作的实施意见，强调将开展“净网2018”专项行动，依法整治网络黑产、侵犯公民个人信息、网络传销等网络违法犯罪活动。[①]互联网企业与监管机关合作打击黑产的案例不在少数，甚至跨境联合打击黑产已成为一项正在不断深入的工作。2018年11月15日，中国和新加坡政府发布联合声明，其中有十几项共识，包括双方一致同意推进法律、司法合作，加强打击跨境犯罪和网络犯罪。

3.4 网络黑产发展模式野蛮生长冲击已有治理规则

由于紧跟技术前沿，网络黑产所利用的网络技术和应用场景更加新颖和多元，这一特点给网络黑产的治理带来很多挑战，尤其是其所应用的匿名技术，已有规则的适用性和其治理效率受到前所未有的挑战。

3.4.1 治理规则的细化性

网络黑产的发展状态给已有治理规则，尤其是法律治理，带来较大挑战。对于较新形态的犯罪形势，已有规则缺乏更为细化的规定。以“黑卡产业链”事件为例，此产业链包括卡商、号商和解码平台等主体，其中，卡商负责办理黑卡，即指来自境外的、未实名认证（或者非法购买大量他人身份信息进行认证）的、虚拟运营商、物联网的四类手机卡。号商通过“接码平台”低价获得源源不断的手机号和验证码，或者通过软件批量注册各种网络账号，并进行贩卖获利。接码平台即向“卡商”和“号商”非法提供手机短信验证码的平台。在打击黑卡产业链犯罪案件中，可能涉及“非法经营罪”“帮助信息网络犯罪活动罪”“侵犯公民个人信息罪”“破坏、入侵计算机系统罪”等罪，但执法机关在具体法律适用方面面临打击治理取证困难、已有法律适用不足问题。以“帮助信息网络犯罪活动罪”的适用为例，该罪的犯罪构成要件要求主观上“明知他人利用网络实施犯罪行为”，但在司法实践中，执法机关若要证明“卡商”和“号商”明知注册网络账号是给下游不法分子使用进而实施的注册账号行为，或者证明“接码平台”明知卡商是利用侵犯公民个人信息的手段或者其他非法手段实现实名制注册等都是非常难的，因此很难适用该条款打击此类黑产犯罪行为，实践中也鲜少引用该条款。还有如一些“卡商”和“号商”本身没有直接产生危害后果，游走在法律的边缘，已有法律依据不足以直接打击等问题。

---

① 天津市人民政府：《天津市人民政府关于落实国务院〈政府工作报告〉重点工作的实施意见》，http://law.wkinfo.com.cn/legislation/detail/MTAwMTExOTY2MTU%3D?searchId=f41efc08b0d54e4c8，2018年10月16日访问。

再比如，以2017年度勒索软件事件分析为例：一方面，从法律角度分析，其本质是敲诈勒索行为；另一方面，从其所依托的技术角度分析，其利用的是微软的系统漏洞，通过蠕虫病毒，进行不断的自我复制和自我传播，从而对全球的众多计算机文件加密造成影响。对于如此敲诈勒索行为，我们不得不进行全方位的分析，其中涉及未修复漏洞，甚至未发现和通报，那么微软系统是否为关键信息基础设施？侵害的对象是用户对于其数据、文件的何种权利？犯罪行为跨境造成损害如何管辖？面对行为人利用的隐匿技术，执法活动要如何开展？网络安全漏洞如何披露，如何确立漏洞披露规则和体系？等等新型网络黑产治理问题。

3.4.2 技术治理与法律治理二元结构的协调性

美国著名网络法专家劳伦斯•莱斯格提出了代码规制的网络空间治理，相比政府对网络行为规制的效率不足性，嵌入软硬件的指令可以通过诸如身份验证、加密技术等技术方式确保网络空间架构的可控性和可规制性，[①] 由此肯定了技术治理在网络空间治理中的重要性，技术治理的法律诉求被提出。已出台的《刑法》《计算机信息系统安全保护条例》等计算系统信息保护规范；《网络安全法》《刑法修正案》（九）《反恐怖主义法》《国家安全法》等维护国家安全方面的法律规范；《网络安全法》《未成年人保护法》《刑事诉讼法》等维护个人信息安全方面的法律规范是目前治理网络黑产方面的重要法律规范，然而已有法律规范重视政府和法律治理机制的作用，但是“技术治理机制”在网络社会中的治理角色并未受到足够的重视。[②] 实践中，能够足以阻碍、防治网络黑产的技术往往面临一定的“危险性”，可能存在违反现有法律规定，尤其是刑法规定的风险。因此，技术治理的一些合理技术措施需要获得法律的确认，以解决违法风险。例如，《刑法》规定了禁止非法侵入和破坏计算机信息系统的相关罪名。研究人员被授权可以采取技术措施进入目标对象的计算机信息系统，可以进行全方位的安全扫描，这样的行为，尚不会构成犯罪。但是，在网络安全研究场景下，网络安全检测的目的即发现漏洞和病毒，防止未经授权的访问、侵入等行为，若检测时发现未经授权的访问，应当采取何种适当的技术来防止非法侵入行为，我国现有法律规范并未给予一定的豁免情形。此时能否对正在发生的侵害行为实施主动打击的技术措施，即需要相关法律规范给予进一步的明释。因此，网络空间技术治理作用的发挥需要进行有效归化，包括对其进行法律归化，以引领和规范技术治理方向[③]，防控

---

① 〔美〕劳伦斯 • 莱斯格：《代码 2.0：网络空间中的法律》，李旭、姜丽楼、王文英译，中信出版社2004年版，第26、63页。

② 郑智航：《网络社会法律治理与技术治理的二元共治》，载《中国法学》2018年第2期。

③ 郑智航：《网络社会法律治理与技术治理的二元共治》，载《中国法学》2018年第2期。

其负面性。

3.4.3 网络运营平台态势感知与协同共治的非系统性

网络黑产根植于网络，不仅针对个人，还直接危及互联网企业的正常经营活动，因此，在网络黑产治理方面，互联网企业具有较强的原动力，其有更多动力去研究黑产并不断加强技术措施，防范黑产的侵蚀。例如，360公司发布最新流量黑产报告；360起底移动平台黑产运作；360手机卫士发布《2016年安卓手机恶意软件专题报告》；腾讯发布2018上半年黑产研究报告；阿里联合南方都市报发布《2018网络黑灰产治理研究报告》。但是，网络运营商平台治理网络黑产方面亦面临一定的困境。

首先，网络运营平台防御性机制不足。防范违法有害信息传播扩散、保护个人信息，实施社会动员功能失控风险的技术措施，以及建立为公安机关、国家安全机关依法维护国家安全和查处违法犯罪提供技术、数据支持和协助的工作机制，是预防性评估机制的重要组成部分。但是，一些平台防御性评估机制确立不足，立足于黑产的防守而非主动防御，加之已有规则涉及网络服务商义务规定方面存在冲突和不协调、合规义务模糊、治理内容范围不清晰等问题，诸如防治违法有害信息包括哪些内容，对于一些影响网络整体安全的重要信息，例如漏洞、计算机病毒、网络攻击、网络侵入等网络安全信息，相应制度并未给出具体的界定，致使预防性机制设置面临不确定性和不清晰性。

其次，行业协同共治有效模式尚未完全形成。网络黑产运行模式早已平台化，且已经非常地体系化，分工合作相当成熟，反观已有平台治理实践，尽管目前互联网企业自发研究治理的动力较强，但目前更多是互联网企业各自为战，单独研究，单独防治，治理力量不够集中，情报信息共享性不足，并没有一个专门针对网络黑产的行业自律公约，尚未形成协同共治的有效模式。如此孤立地、阶段性地研究与治理，类似于打地鼠一般，打之不尽的情况，远远无法达到有效治理的效果，甚至有头痛医头的片面性，这显然无法应对网络黑产治理诉求。

3.5 网络黑产创新治理对策——基于“主动防御”理念建构网络黑产治理机制

网络黑产可威胁用户信息、财产安全、公共利益和国家安全，主动防御治理理念和治理机制的确立，建构可及时精准预警网络黑产风险，并实时处置网络黑产违法犯罪行为(图3-5)。

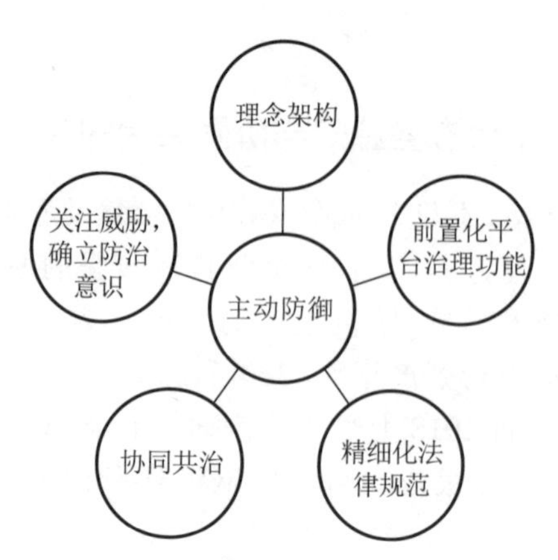

图 3-5 基于主动预防理念的网络黑产治理机制

3.5.1 治理理念：从积极预防转向主动防御

积极预防是我国治理网络安全问题的一贯做法，是信息安全防护能力提高的重要立法理念。[①]然而，积极预防俨然不足以对抗目前所面临的网络安全新形势。美国已经出台专门的立法——《主动网络防御确定法案》来治理美国国家安全和经济活力面临的网络欺诈和网络犯罪活动。鉴于此，网络黑产治理的首要方案即是转变治理观念，从积极预防修正为主动防御。主动包含的第一层含义是在治理网络黑产时，需要一定的技术措施准备，诸如网络黑产所依赖的隐匿技术是对其进行技术治理的较大困难之一，对此，主动防御策略还应当包括对于新技术应用的激励，其中，AI 技术正成为网络社会治理的新关注点[②]，应鼓励利用 AI 人工智能技术、人脸识别、云安全等技术来进行网络黑产的防治；第二层含义是，在这些技术措施中，可以有一定的、适当的措施能够主动试探、发现网络黑产威胁；第三层含义是，在主动发现网络黑产威胁之后，能够采取一定措施来打击网络黑产威胁行为。除此以外，主动防御机制应当有一定的实施条件限制，如有无防御行为的审查或备案要求，主体限制，面临的危害紧迫性要求、时机要求、防御措施的适当性问题，防御造成的损害与保护的利益之间的权衡等方面问题。

3.5.2 前置化网络运营者主动治理角色

网络运营者在网络黑产治理方面有天然的行业和技术优势，是治理网络黑产的重要主体，应充分实施其个人信息保护、安全保障、等级保护、安全评估义务，

---

① 王玥、马民虎：《“互联网 +”时代关键基础设施信息安全法律保护研究》，载《西北大学学报（哲学社会科学版）》2016 年第 5 期。

② 马民虎：《新时代网络社会治理创新的法制议题》，载《信息安全研究》2017 年第 12 期。

积极承担起打击网络黑产的职责，这需要前置化网络运营者主动治理角色。具体如下。

首先，及时更新网络黑产情报信息。涉及黑产运作的违法信息可能会通过公告、群组信息、论坛、微博等平台发布，网络运营者具有防范非法有害信息扩散、传播的义务，即需要网络运营者提升自身威胁情报发现能力。与此同时，鉴于网络黑产治理对象随着技术的不断更新，表现形式上将具有多元性和动态性，网络运营者应及时动态更新网络黑产情报信息以应对网络黑产信息动态变化的特性。

其次，实时构建防治与监测处置规则。网络服务提供者可加大对网站、论坛、群组等平台违法信息的巡查力度，在“知晓信息内容”“技术上有可能实现阻止”“阻止非法信息不超过其承受能力”的前提下及时关闭以公民个人信息、网络犯罪工具、提供技术服务以及传授犯罪方法为主要内容的网站、群组、论坛，否则应承担拒不履行安全管理义务的相应法律责任。

最后，赋予网络运营者相应自主处置权与豁免权。基于网络黑产犯罪手段技术含量高，治理网络黑产需要相应反制技术措施。为确保技术措施实施的实效，应授权平台一定的处置权和豁免权，激发义务主体履行义务的主动性，实现打击网络黑产主动防御原则的落地。具体而言，这里的自主处置权是指网络运营者在遇到侵害自己的网络黑产时，可以采取一定的防御措施来制止或者打击网络黑产的自主处置权，以防范违法有害信息传播扩散、社会动员功能失控风险，防止损害，保障自身不受侵害为实施条件；如果防御主体采取的技术措施是针对正在进行的侵害方的，需采取侵入对方系统，破坏对方程序等必要技术措施时，只要没有明显超过必要限度（诸如仅采取技术措施清理违法有害信息，而不进行未授权收集和使用），其损害侵害方利益的行为应当获得一定的豁免，可以不负刑事责任。

3.5.3 精细化法律规范认定标准

法律治理是网络黑产治理的重要手段，通过行政法规、部门规章或司法解释的方式及时更新法律适用不足问题，细化诸如违法有害信息内容、网络实名规范、新型网络犯罪认定标准等内容，以有效处置网络黑产违法犯罪性。

首先，网络实名制应解决“实名不实人”的困局。《网络安全法》第24条以法律形式进一步明确了实施网络实名制的要求，规定网络运营者在提供服务时，用户应当提供真实身份信息。但是，手机“黑卡”已成为网络黑产中避开实名制验证的主要途径。一些“黑卡”通过侵犯公民个人身份信息获得，这种“实名账号”非实名人使用的漏洞正在被账号黑产犯罪分子利用以实施网络犯罪，成为下游实施网络诈骗犯罪的前提。对此，应制定保障“实名实人”网络实名制实施的法律规范，严格网络运营者实名认证责任。除此以外，针对实践中滥用个人信息保护权与网络黑产勾连的情形，明确滥用个人信息保护权破坏网络实名制行为的法律适用情形，以应对“恶意注册”“虚假认证”的情形。

其次，深入研究和评估涉及新型网络犯罪的已有法律规范的适当性。对涉及网络黑产的新型网络犯罪应分析其行为的危害性，对有组织、有严重社会危害性的网络黑产，如何定罪、量刑，进行一定的规范和细化。诸如考虑网络黑产在网络犯罪中的基础性，避免放纵“蚂蚁搬家”式提供技术支持和帮助的利用网络实施的犯罪行为[①]，“帮助信息网络犯罪活动罪”应出台更为细化的适用细则，以解决执法和司法中证明网络黑产链中上游对下游犯罪“明知”的证明难度问题。有研究提出，可通过反常的事实推定行为人的“明知”[②]，或可借鉴《网络赌博意见》中的相关规定，即“以公众举报或行政机关责令改正后进行技术、资金帮助、执法人员调查过程中故意销毁、隐匿相关数据等情形为依据”确定“明知”标准。[③] 有研究亦提出该罪的成立适用“并不需要确切知道，只要认识到正犯可能实施哪些具体犯罪行为”即可。

3.5.4 协同化网络黑产多元共治机制

网络黑产治理需要从主体、行业和地域 3 个维度，秉持联动、共享、共赢协作理念，建构公私主体、同行业、跨行业、跨地域的协同共治机制（图 3-6），尤其是涉及国计民生的重点行业。例如，在金融、能源、通信、公用事业等行业，其信息系统或工业控制系统安全不仅关乎行业自身正常运行，亦可能涉及国家、社会公共安全。

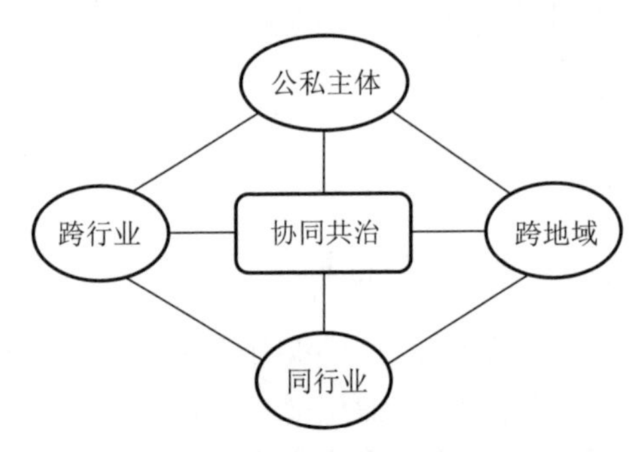

图 3-6　协同化网络黑产多元共治机制

首先，我国目前尚缺乏跨行业的联动。网络黑产涉及多个环节，多个领域。既然网络黑产有上下游的合作，那么防治工作也应进行类似上下游跨行业的合

① 皮勇：《论新型网络犯罪立法及其适用》，载《中国社会科学》2018 年第 10 期，第 141 页。

② 皮勇、黄琰：《论刑法中的“应当知道”——兼论刑法边界的扩张》，载《法学评论》2012 年第 1 期。

③ 于冲：《网络犯罪帮助行为正犯化的规范解读与理论省思》，载《中国刑事法杂志》2017 年第 1 期。

作。在治理网络黑产方面，包括公安、互联网企业、电信运营商、网络服务提供商、金融、市场监督管理等部门、社会大众的多主体公私合力协作打击是重要的路径。实践中为打击网络黑产，互联网安全公司为公安机关、国家安全机关依法维护国家安全和查处违法犯罪提供技术、数据支持和协助的工作机制即是比较好的实践，对于打击网络黑产的链条会有较大的帮助。诸如互联网金融支付安全联盟各方通过协助方式在拦截欺诈交易信息、防范账号盗用和洗钱等方面控制了风险，挽回了风险损失。

其次，在互联网企业合作共赢的角度，互联网企业既然可以合作盈利，同样可以合作应对面临的共同挑战。诸如，在治理网络黑产方面，互联网企业间可开展黑产数据信息情报共享，定期技术交流，共同发布网络黑产威胁报告，共同行动打击网络黑产行为。与此同时，我国亟须形成专项网络黑产治理的行业自律公约，通过行业自律公约形成技术创新交流，情报信息共享，行动机制共通，威胁共防治的网络黑产犯罪活动联合打击的常态机制。

最后，加强网络黑产跨境协作。网络黑产治理的跨境协作，不仅涉及互联网企业之间应当的合作，政府机关、事业单位、重点行业也应当参与进来。目前，由于历史、经济、社会发展形态、价值取向等因素的差异性，有部分网络犯罪在全球并未形成共识，但加强合作依然是应对差异性的重要路径。在打击治理网络黑产方面，虽然美国和俄罗斯的网络黑产被认为主要集中在暗网里，但是，近年发生的网络安全大事件，尤其是大量个人信息在暗网上被售卖，其中不乏全球知名的互联网企业的用户数据，涉及的用户同样遍布全球，如此跨境开展诸如执法合作、情报信息共享合作、政策制度互通合作即具有现实必要性。

总之，网络黑产的治理工作与网络安全防治工作具有高度的重合之处，同样需要协同共治。

3.5.5　意识化网络黑产防治

网络安全意识，是需要刻意培养和学习的一项技能，网络黑产防治意识包含在网络安全意识之内。首先，需了解网络安全现状，网络黑产的发展形势，最新模式、最新场景。其次，需掌握一定的知识，包括技术措施和法律法规，早期预防和及时止损。再次，网络安全意识不限于个人的网络安全意识，应是全体公民共同担负的责任和使命。[①] 实践中存在单位网络安全意识淡漠和不到位，关键信息基础设施重大安全漏洞不及时解决，安全管理制度不健全和执行不到位，甚至出现一些单位内部员工利用业务系统漏洞和管理漏洞从事“黑灰产”等违法犯罪行为而单位不自知的事件，如此加大网络安全意识和防患治理意识实为必要。

---

① 许畅、高金虎：《美国公民国家网络安全意识培养问题研究》，载《情报杂志》2018年第12期。

总而言之,为打击网络黑产、保障网络空间信息内容的真实、安全、健康、可靠,需要形成主动防御的治理机制,采取主动防御技术,通过主动的技术治理手段遏制网络黑产违法犯罪行为;需要从法律上给予防御主体一定的处置权和主动出击行为的豁免权,对于可采取的防治措施给予较为细致的指引,以打破网络黑产利用平台的发展链条,降低网络黑产的繁殖扩张进程,从而有效遏制网络黑产;需要跨地域、同行业、跨行业、多主体,甚至全球有效的、深入的联动;需要网络安全专项人才的培养;需要网络安全意识与网络黑产防治意识的提高。

第4章

工业互联网安全风险治理

工业互联网以信息物理融合系统（Cyber-physical System，简称CPS）为关键技术，当数字技术与传统基建深度融合时，工业互联网成为新基建的重要战场。新基建产生新业态、新发展，也必将衍生出不同于传统环境的风险，因此工业互联网在发展“新基建”的同时必须警惕新风险的产生。与传统基建下的安全风险不同，基于CPS的工业互联网安全风险具有信息物理耦合与攻击隐蔽的特性，网络攻击路径增多，关键基础设施网络安全风险加剧，风险结果具有连锁性和复杂性等特性。故此，随着新基建国家战略的实施，基于工业互联网建设的网络安全风险预防与控制应同步产业予以关注。

4.1 绪　论

4.1.1 研究背景与意义

2018年12月，中央经济工作会议提出有关“新基建”的概念，新基建是指以5G、人工智能、工业互联网为代表的新型基础设施。2020年3月，中共中央政治局常务委员会召开会议提出，加快新型基础设施的建设进度。传统的基础设施有公路、铁路、水利等重大建筑，然而随着数字时代的发展，新基建和传统基建大有不同，新基建指的是科技端的基础设施建设，如果将传统基建称为“旧基建”，那旧基建是在“地上”发展，而新基建是在“云上”发展，它新在技术的先进性。正如我国传统制造业的发展需要工业互联网支持，水电气等公共基础设施的智能化需要物联网支持，新基建的本质是加速产业数字化转型，支撑传统产业向网络化、数字化、智能化方向发展。新基建是我国从工业文明迈向数字文明的奠基石。

新基建以信息化为重心，信息和网络的安全保障将成为我国新基建的核心所在。工业互联网作为新基建的重要内容，是以互联网为代表的新一代信息技术与工业系统深度融合形成的新领域、新平台和新模式。工业渗透于互联网，孕育出工业互联网平台，实现以数据为驱动、以制造能力为核心的专业平台，促进智能控制、运营优化和生产组织方式变革。我国的工业互联网平台虽然成立时间短，但发展迅速，对我国的制造业转型升级、提升数字经济实力具有重要推动作用，并能够有效提高工业企业的附加价值，实现服务的延伸。我国已经将工业互联网作为重要基础设施，为工业智能化提供支撑。2017年，国家出台工业互联网顶层规划，2019年，工业互联网被写入政府工作报告，逐渐进入实质性落地阶段。新基建将有力推动工业互联网快速发展，其安全问题应该是重中之重。2020年2月，工信部公布年度工业互联网试点示范项目，网络、平台、安全三个层面共81个项目。2020年3月，工信部发布了《关于推动工业互联网加快发展的通知》，明确加快新型基础设施建设，改造升级工业互联网内外网络，加快健全安全保障体系。[①]2020年初，青岛瞄准工业互联网这一新赛道，提出全力发展工业互联网，搭建要素齐全的产业生态，打造世界工业互联网之都。胶东五市联手，共创国家级工业互联网先行示范区，青岛立志成为全国的标杆，充分发挥工业互联网作为经济平台的属性，实现区域经济中的科技、人才、资本、土地等要素的集聚和共享，加速人工智能、大数据、5G等新一代信息技术与实体经济深度融合。

值得一提的是，CPS的概念逐渐出现在工业互联网的视野中。CPS高度集成了一系列计算技术，通信技术及调控技术，综合了计算、网络和物理进程，通过反馈循环系统来融合海量异构数据，处理实时信息，远程精准控制，协调动态资源。概括来说，CPS是一个将信息空间与物理世界相结合后形成的混杂系统。

CPS的概念由美国国家自然科学基金会的Helen Gill于2005年末至2006年初提出。美国将其列为未来八大关键信息技术之首。2011年德国提出了工业4.0战略，并以CPS为核心创造新的智能制造方式，提升制造业的智能化水平。2015年5月19日由国务院正式印发《中国制造2025》，提出了“三步走”战略目标，“中国制造2025”是在新的国际国内环境下，中国政府立足于国际产业变革大势，做出的全面提升中国制造业发展质量和水平的重大战略部署。因此，加强CPS技术的研究，推动CPS技术的应用对顺利实施“中国制造2025”战略、提升我国科技实力具有重大的现实意义。CPS作为推动信息化和工业化相互融合的重要技术体系，具有实时性、开放性、融合性、复杂性、自主性及事件驱动性等特点，是一种具有开放性特质的智能系统。CPS技术一经提出就得到了工业领域的广泛关注，它在工业互联网中的应用包括智能交通领域的自主导航汽车、无人飞行器、智能电网、智能建筑、智能机器人等。

---

① 唐刚、王涛：《保驾新基建 加强工业互联网安全检查》，载《中国电子报》2020年第3版。

CPS涵盖了小到纳米级生物机器人，大到全球能源协调管理系统等涉及人类基础设施建设的复杂大系统，能够深度影响人民生活和国家安全。工业互联网以CPS为核心技术，其作为融合云计算、大数据、物联网等技术的新一代信息通信平台，是新基建信息基础设施的重要组成部分。但是，多元技术融合也带来更加显著的网络安全隐患。在新基建背景之下，数字与实体紧密结合网络攻击行为更易深入一线，给交通、制造、能源等重点领域带来威胁，工业互联网安全面临更加严峻的挑战，因此，对以CPS为核心的工业互联网安全风险进行监管控制必须立即提上日程。

4.1.2 国内外研究现状

1. 国外研究现状

（1）信息物理融合系统介绍。

迄今为止，许多学者对信息物理融合系统进行了深入研究。Monostori等（2016）认为CPS是物理世界与计算实体紧密协作的系统，是信息和通信技术发展中最重要的进步之一。这些计算实体与周围的物理世界及其正在进行的过程紧密相连，同时提供和使用信息网络上可用的数据访问和数据处理服务。CPS一方面依靠最新的信息科学和通信技术的发展，另一方面又依靠制造科学和技术的发展，对工业4.0有重大影响。书中概述了对CPS的研究和期望，并介绍了一些案例研究，发现了相关的研发挑战①。Humayed等（2017）指出，随着信息物理融合系统（CPS）的指数级增长，出现了新的安全挑战。各种漏洞与攻击不断威胁CPS的安全。故在统一框架下系统研究了CPS的安全问题：从安全角度出发，遵循威胁，漏洞，攻击和控制分类法；从CPS组件的角度来看，专注于网络，物理和网络物理组件；从CPS系统的角度来看，探讨CPS的一般功能以及代表性系统（例如智能电网、医疗CPS和智能汽车）。最终总结了有关CPS安全性的最新技术，为研究人员提供参考。② Zhang Y等（2017）认为，随着信息技术的发展，医疗保健技术在各个领域都取得了显著进步。然而，这些新技术也使处理医疗数据变得更加困难。为了提供更方便的医疗保健服务和环境，本书提出了一个以患者为中心的医疗保健应用和服务的信息物理融合系统，称为Health-CPS。将CPS建立在云和大数据分析技术之上，由统一标准的数据采集层、用于分布式存储和并行计算的数据管理层、面向数据的服务层组成。研究结果表明，将CPS应用于医疗领域可有效

① Monostori L. Kádár B. Bauernhansl T, et al, Cyber-physical systems in manufacturing, Cirp Annals, 2016, 65(2): 621-641.

② Humayed A. Lin J. Li F, et al, Cyber-physical systems security—A survey, IEEE Internet of Things Journal, 2017, 4(6): 1802-1831.

提高医疗保健系统的性能，从而使人类能够享受各种智能医疗保健应用和服务。[①] Zhang Z 等(2016)认为，一个信息物理融合系统由两个交互网络组成，其中信息网络覆盖物理网络。由于两个交互网络相互依赖，一个网络中的节点故障可能导致另一网络的故障，并导致整个系统的级联故障。造成这种现象的原因之一是相互依赖的系统之间的连通性。[②]

(2) CPS 与工业 4.0 之间联系。

还有一些学者将 CPS 与工业 4.0 的发展进程联系起来。Mosterman P J 等(2016)指出，工业 4.0 和信息物理融合系统将机器与机器技术联系起来，促进计算与通信方面的发展。CPS 是范式协作的嵌入式软件系统的集合，它从三个方面促进工业 4.0 的演进：在线配置系统集成，实现协调功能合作系统，为基础设施提供支持。[③] Mueller E 等(2017)指出，工业 4.0 被视为工业发展的重中之重。回顾不同国家的技术水平以及实践水平，揭示实施工业 4.0 缺乏可适用的框架的不足之处。因此，为阐明工业 4.0 的相关细节，开发了一个参考体系结构，其中包括四个方面，即制造过程、设备、软件和工程。此外，针对信息物理融合系统的重要性，对 CPS 的结构进行深入分析。剖析使用 CPS 系统的案例，将理论与经验相结合应用于公司。总的来说，可以为加深对工业 4.0 的理论理解提供参考。基于 CPS 的应用框架和原型，工业系统也有可能帮助公司设计传感器网络的布局，实现智能机器的协调和控制，将信息和通信技术扩展应用。[④]

(3) 工业互联网发展介绍及安全问题明晰。

大多数学者认为工业互联网推进了工业领域的新业态、新发展，但同时质疑了工业互联网的安全问题。Yan Jianlin 等(2015)指出，自 20 世纪以来，大多数发达国家已经意识到先进制造业的重要性。美国的“工业互联网”和德国的“工业 4.0”应该是发展先进制造业最好的两种策略。它们在全球范围内引起了产品开发，生产方式和产值实现的转变。在这一关键时刻，最重要的是促进信息化与工业化的融合，坚持创新驱动，加强智能制造基础，巩固高技能人才的培训，加强国

① Zhang Y. Qiu M. Tsai C W, et al, Health-CPS: Healthcare Cyber-Physical System Assisted by Cloud and Big Data, IEEE Systems Journal, 2017, 11 (1): 88-95.

② Zhang Z. An W. Shao F, Cascading Failures on Reliability in Cyber-Physical System, IEEE Transactions on Reliability, 2016, 65 (4): 1745-1754.

③ Mosterman P J. Zander J, Industry 4. 0 as a Cyber-Physical System study, Software & Systems Modeling, 2016, 15 (1): 17-29.

④ Mueller E. Chen X L. Riedel R, Challenges and Requirements for the Application of Industry 4. 0: A Special Insight with the Usage of Cyber-Physical System, 中国机械工程学报(英文版), 2017 (5).

际合作，以巩固和增强全球竞争力。[①] Cheminod 等（2017）提出工业 4.0 和工业互联网正在为现代智能工厂铺平道路，在这些工厂中，智能设备之间的通信复杂性和系统即时重新配置等问题得到了有效且经济高效的处理。但是，工业 4.0 的全球连通性也意味着针对工业互联网的威胁会不断增加，因此从工业互联网的安全性考虑提出增强 SDN 功能的解决方案。[②] Gilchris 等（2016）描绘了工业互联网带来的具有创新性的商业模式，介绍了工业互联网的基础技术与协议，并深入了解其中的技术问题，建议借用工业互联网重新定义工业化国家。[③] Jeschke 等（2017）指出，工业互联网是包含各种物理对象（如传感器、机器、汽车、建筑物和其他物品）的信息网络，它允许这些对象交互协作以达到共同的目标。工业互联网不仅影响交通、医疗保健、智能家居，也在不断改变工业环境。本章在工业互联网的背景之下介绍了数字工厂和信息物理融合系统（CPS）的发展。此外，还讨论了当前对工业互联网的挑战和要求，并确定了在工业 4.0 中应用的潜力。[④] Sisinni 等（2018）认为物联网是一个新兴领域，它通过信息网络将常见对象转变为连接的设备。物联网正在改变人们与周围事物交互的方式，它为创建广泛连接的基础架构铺平了道路，它支持创新服务，并有望提高灵活性和效率。这样的优势不仅对消费者应用具有吸引力，而且对工业领域也具有吸引力，物联网不断进入工业市场。阐明了物联网、工业互联网和工业 4.0 的概念，介绍了工业互联网所带来的机遇以及所面临的挑战。[⑤] Sadeghi 等（2015）认为，信息物理融合系统在当今社会无处不在，并广泛应用于工业控制系统、现代车辆以及关键基础设施中。工业 4.0 和工业互联网通过强大的连通性和对嵌入式设备的有效利用提供了创新的业务模型和新颖的用户体验。系统在生成、处理和交换隐私数据时极易成为有吸引力的攻击目标，可能造成人身伤害甚至威胁生命。工业互联网的复杂性和网络攻击的潜在影响为新时代带来了新威胁。[⑥] Xu, Hansong 等（2018）认为，工业 4.0 的愿景

---

① Yan Jianlin. Kong Dejing, Study on "Industrial Internet" and "Industrie 4. 0, engineering sciences, 2015, 17(7): 141-144.

② Cheminod. Manuel, et al, Leveraging SDN to improve security in industrial networks, 2017 IEEE 13th International Workshop on Factory Communication Systems (WFCS). IEEE, 2017.

③ Gilchrist. Alasdair, Industry 4. 0: the industrial internet of things, Apress, 2016.

④ Jeschke. Sabina, et al, Industrial internet of things and cyber manufacturing systems, Industrial internet of things. Springer, Cham, 2017. 3-19.

⑤ Sisinni. Emiliano. et al, Industrial internet of things: Challenges, opportunities, and directions, IEEE Transactions on Industrial Informatics 14. 11 (2018): 4724-4734.

⑥ Sadeghi. Ahmad-Reza. Christian Wachsmann. and Michael Waidner, Security and privacy challenges in industrial internet of things, 2015 52nd ACM/EDAC/IEEE Design Automation Conference (DAC). IEEE, 2015.

是将大规模部署的智能计算和网络技术集成到工业生产和制造环境中，以实现自动性、可靠性和控制性的目标，这暗示了工业互联网的发展。该文提出了一个三维框架来探索现有的研究空间，并研究某些代表性网络技术。在计算方面，提出了三维框架，该框架探讨了工业互联网中计算的问题空间，并研究了云、边缘以及混合云和边缘计算平台；最后，概述了工业互联网的特殊挑战和未来研究需求。[①] Z.Zhou 等（2018）就工业互联网的应用进行研究。比如，能够随时随地进行自主检查和测量的无人飞行器工业互联网已成为未来生态系统的重要组成部分。还从能源效率的角度研究如何将工业互联网应用于智能电网中的电力线检查：首先，将能量消耗最小化问题表述为联合优化问题，它涉及大规模的优化，例如轨迹调度，速度控制和频率调节，以及小规模的优化，例如继电器选择和功率分配；然后，通过探索大时标和小时标优化之间的时标差异和能量大小差异，将原始的 NP-hard 问题转化为两阶段次优问题，并通过结合动态规划来解决问题；最后，基于现实世界地图和现实电网拓扑对提出的算法进行了验证。[②] Yan 等（2018）指出，工业互联网正在快速发展，但是工业互联网设备的快速增长引发了许多安全问题，因为工业互联网设备在防御恶意软件方面很弱，因此，就此问题提出了一种多层次分布式拒绝服务攻击（Distributed Denial of Service，简称 DDoS）缓解框架来防御针对工业互联网的 DDoS 攻击，包括边缘计算级别，雾计算级别和云计算级别。实验结果表明了该框架的有效性。[③]

2. 国内研究现状

（1）“新基建”概念的提出。

新基建立足于数字时代，通过工业互联网，大数据等多维技术体系发展新业态。安筱鹏（2020）系统阐述了数字时代下新基建的基本定义，深度分析了新基建的结构及特征，认为新基建能够有效促进经济发展。中央自 2020 年来多次强调要加强新基建，新基建以“物理实体 + 数字孪生”为重要模式，归纳了传统基建走向新基建过程中的新规律：首先，传统基础设施支撑工业经济，而新基建支撑数字经济；传统基建以原子为基本构建物理世界，新基建以原子与比特构建造数字世界；另外，传统基建的运营相对独立，与外界因子隔离，新基建是多种技术的共同

---

① Xu. Hansong. et al，A survey on industrial Internet of Things：A cyber-physical systems perspective，IEEE Access 6（2018）：78238-78259.

② Z Zhou. CZhang. C Xu. F Xiong. Y Zhang and T Umer，Energy-Efficient Industrial Internet of UAVs for Power Line Inspection in Smart Grid，in IEEE Transactions on Industrial Informatics，vol. 14，no. 6，pp. 2705-2714，June 2018.

③ Yan. Qiao. et al，A multi-level DDoS mitigation framework for the industrial internet of things，IEEE Communications Magazine 56. 2（2018）：30-36.

集成；传统基建主要作用于后向投资拉动，新基建的目标是前向数字红利；最后，着眼于价值体现的角度，传统基建更注重“连接”价值，数字基建更强调“赋能”价值。数字时代的新基建赋有全新能效，引领新业态发展，新基建的实践进程也在加快：在制造业中，产品生产线周期缩短，成本降低，生产率提高；在交通领域中，加大出行便利，巩固交通安全保障；甚至在医疗领域中，医生可以虚拟出数字心脏来模拟诊断，做出合理的医疗决策，提出科学的医疗解决方案。由此可见，新基建是数字世界的关键引擎和基础支撑，应呼应物理世界与数字世界的动态结合。[①] 李晓华（2020）阐述了新基建的内涵和特征，新型基础设施依然具备基础设施的一般标准，“新”指的是工业互联网、信息网络、大数据等新兴技术体系，是相对于传统基础设施而言的新。新一轮科技革命的核心是新一代数字技术，新基建也是基于最新的信息网络技术产生的，对社会治理、居民生活具有重大影响。新基建以数字技术为核心，新基建是依靠数字网络技术所形成的服务；新基建以新兴领域为主体，我国传统基建现在的目标是改造升级，新基建的重点是新兴产业领域；新基建以科技创新为动力，其要求投入的技术要有先进性，新技术越多，新基建发展越好；新基建以虚拟产品重要形态，其中运行着诸多软件；新基建以平台为主要载体，划分为数字创新基础设施、数字的基础设施化、传统基础设施的数字化等类型。[②]

（2）CPS 全方位界定。

在新基建背景下，信息物理融合系统在国内也愈发成为研究热点。部分学者对 CPS 本身的结构体系进行分析，罗韶杰等（2019）介绍了 CPS 的核心概念和相关技术，细致分析了 CPS 体系的层次结构及划分依据，总结了各层次间的共性，归纳了各层面间的关系，然后介绍了几类主流的 CPS 体系结构并总结出典型的 CPS 层级体系结构，最后结合近年来新出现的热点概念进行讨论，研究其对 CPS 体系结构的影响，对 CPS 体系结构的未来进行构思。[③] 许少伦等（2013）认为，随着计算与网络技术的发展，当代工业需求的扩大，工业领域对其设备提出了信息化与网络化的要求，传统的嵌入式设备封闭不通，无法满足现代设备可控与可扩展等功能要求，在此背景下，将计算网络与物理对象高度耦合的大型复杂系统——集通信、计算和控制能力于一体的信息物理融合系统由此出现。首先，介绍了 CPS 的定义及特性，对 CPS 进行了综合阐述，CPS 是一个异构开放的多维系统，信息与物理深度融合；其次，由于 CPS 涉及多个学科的知识，各学科研究领域又均有不

---

① 安筱鹏：《数字基建：通向数字孪生世界的“铁公基”》，载《信息通信技术与政策》2020 年第 7 期。

② 李晓华：《面向智慧社会的“新基建”及其政策取向》，载《改革》2020 年第 5 期。

③ 罗韶杰、张立臣：《信息物理融合系统体系结构研究》，载《计算机应用与软件》2019 年第 8 期。

同，因此对 CPS 的应用研究具有极大难度。基于此背景，探究了 CPS 在国内外的应用现状，描述了 CPS 的抽象框架及组成架构；最后重点研究了电力、能源行业的 CPS 应用，多方面论述 CPS 现阶段面临的安全挑战，并提出了初步解决方案。[①] 李馥娟等（2018）认为 CPS 是通过计算、感知、控制等功能将物理空间与信息空间联系起来的智能混杂系统，首先分析信息物理融合系统的体系结构，进行系统建模，提出 CPS 将信息与事件混合驱动的行为模式；然后细致解读了在 CPS 中的各种技术体系，主要讨论了智能感知、通信技术、服务技术中的异构互联；最后结合工业领域中的应用，总结信息物理融合系统的发展所面临的挑战与问题，对 CPS 研究方向进行展望。[②]

（3）CPS 与工业互联网相融合。

CPS 被认为是工业互联网中的关键技术，CPS 将信息世界中的通信控制技术和物理世界中的实体设备高效集成，形成智能化体系，优化配置资源。史永乐等（2019）认为中国智能制造亟须发挥实力，形成“智能生态系统”。智能制造以信息数字化等技术为核心，发展数字化网络化智能化制造，通过互联网推动制造业与互联网的深度融合，协同企业内外，整合社会资源，提高生产效率，强化创新与服务水平。在智能制造中，以工业互联网为基础，智能生产为主线，智能服务为产业模式。对中德美三国智能制造的发展实践进行对比发现，中国致力于发展信息数字化能力，德国重点发展资源整合化能力，美国主要发展智能分析化能力。因此得出结论，我国要想实现智能制造的高质量发展，就应该积极推进制造业网络化与智能化，充分利用工业互联网，借助 CPS 技术将网络与实体连接起来，实现大数据技术的群体突破，将新兴信息技术与先进制造技术紧密联合，促进制造业高效发展。[③] 戴亦舒等（2018）认为 CPS 在全球再工化浪潮下成为各国实现制造业升级的关键。基于信息物理融合系统五层架构体系，以服务主导为逻辑理论出发，对中德美三国制造业政策进行深入分析。研究发现，中德美三国为推动制造业发展，均将 CPS 作为核心技术应用于制造业。在此过程中，需要集合各种资源大力构建智能分析能力，将实体对象映射到网络空间，交互利用多种资源，为先进技术提供平台，进而实现信息世界对实体空间的优化配置。研究发现，虽然中德美三国的制造业基础具有重大差异，但是三国都十分重视制造业创新平台的建设，如中国已建成技术服务与协同创新平台。然而中国企业面临的压力更大，中国企

---

① 许少伦、严正、张良等：《信息物理融合系统的特性、架构及研究挑战》，载《计算机应用》2013 年第 S2 期。

② 李馥娟、王群、钱焕延：《信息物理融合系统研究》，载《电子技术应用》2018 年第 9 期。

③ 史永乐、严良：《智能制造高质量发展的“技术能力”：框架及验证——基于 CPS 理论与实践的二维视野》，载《经济学家》2019 年第 9 期。

业在传统制造业转型方面举步维艰，技术含量和运营体系与其他国家也有较大差距。针对此问题提出建议：首先，对以 CPS 为核心的制造业体系进行整体规划建设，调动社会资源，协同政府与企业共同治理；其次，利用我国市场资源的优势参与信息物理融合系统国际标准的制定，构建实体与网络共赢发展的框架，为企业营造稳定的发展环境；最后，利用互联网加速对传统产业的转型升级，鼓励推进工业互联网的发展，促使新一代工业以 CPS 为基础，实现信息化与工业化深度融合。[①] 由此可见 CPS 与工业互联网之间有千丝万缕的关系。大部分学者研究了信息物理系统与现实生活中的工业系统工程之间的联系。郑佩祥(2019)认为，随着网络、通信、控制技术的发展与结合，配电网网络空间与物理空间实现了实时交互，极大提升了感知、共享、协同等能力，由此形成配电网信息物理系统。配电网 CPS 是在配电网状态采集的基础上，与感知、通信等技术深度协作，将物理实体与网络空间深度结合来扩展新功能，构建人、机与信息网络等要素交互映射的复杂系统，从而优化资源配置，实现灵活控制，提升电力系统控制性能。在配电网 CPS 中，物理设备的灵活性与通信的复杂性相结合，多种控制方式互补，海量数据在流动过程中不断转化处理，信息进行综合决策应用于物理空间，因此数据处理与优化决策技术是配电网信息物理系统未来的研究重点。然而，现代配电网络由物理的电力网络与信息网络紧密耦合构成，接入分布式电源改变了传统配电网单向流动的特点，传统配电网与信息网络系统基本是割裂的，而现代配电网与计算框架融合，变得动态复杂。网络的动态发展给现代配电网的安全运行带来新的挑战。此外，配电网 CPS 不断信息化在给配电网的运行带来便利的同时，也增大了安全风险，信息物理网络遭受攻击的可能性加大，严重时攻击会通过配电网 CPS 交互影响物理世界，造成连锁故障，威胁电网安全。因此提出，在配电网 CPS 实践中，需要评估信息可靠性和对整体工程施行所造成的风险，并且为配电网制定相应的安全规程，防范风险产生。[②] 何红丽等(2018)提出，新一轮科技革命的方向是互联网与传统物理、机械等学科相结合。该轮科技革命的核心是通过信息物理融合系统实现设备与产品的有效交流，构建高度数字化的智能生产模式。飞机结构与飞机安全关系密切，飞机的强度形变测量标准是飞行安全的重要保证，传统测量过程人为干预因素过多，测量效率与智能化程度过低，测试大数据不充分，数据分析太薄弱，无法精准定制飞行试验方案。因此以飞行试验的实际需求为出发点，提出基于 CPS 基础架构的新一代智能测试与管理技术方案。该系统以 CPS 为基础框架，搭建飞机全生命周期结构形变测量与管理，以智能化为核心，用虚拟手段

---

① 戴亦舒、叶丽莎、董小英等：《CPS 与未来制造业的发展：中德美政策与能力构建的比较研究》，载《中国软科学》2018 年第 2 期。

② 郑佩祥：《配电网 CPS 理论架构和典型场景应用》，载《中国电力》2019 年第 1 期。

进行测量方案优化，采用网络化等技术进行感知、分析和决策，减少人为干涉，提高测试精度，为数字化试飞提供有力保障。[①] 杨思维等(2019)指出，船舶制造大体经历了5个发展阶段，从最初的整体制造模式到与计算机软件相结合产生的船舶集成制造模式，其核心在于对制造工业的整体优化。而欧美等国家的造船模式逐渐转向智能制造模式，即在造船过程中广泛应用物联网、CPS等智能技术，控制造船过程，提高生产效率，改善生产质量，增强造船企业应对生产变化的能力。然而现阶段我国船舶制造业的智能化水平太低，无法与信息网络深度融合，缺少充分的数据支撑。因此，提出以智能制造的架构为基础，结合造船业的发展特点，以CPS为关键技术，将实体空间与计算进程紧密联合，信息网络对从物理空间中采集来的数据进行分析处理，优化控制过程，然后对实体空间的设备下达配置指令，逐步实现反馈机制，使计算进程与实体空间操作耦合。在造船过程中，CPS主要有两部分应用：以船舶制造的内在逻辑为基础，将从实体空间中采集感知到的造船业所需的各种环境与设备数据进行仿真建模；深度挖掘得到的数据应用于模型，利于处理所得的数据对造船过程进行动态优化，充分平衡各项资源。信息物理融合系统通过对各类信息的整合来实现合理配置，因而智能制造实际上是优化资源配置的一种新方式，CPS也是实现船舶智能制造的关键手段。由此提出船舶智能制造CPS系统，重点分析了该系统的设计生产体系、业务体系、关键技术体系、运营生命周期等，对船舶智能制造领域的研究具有极大参考作用。[②]

(4) CPS与工业互联网安全问题分析。

除此之外，CPS安全也对国家安全、人民生活有重大影响。张文婷(2019)认为，CPS是综合计算、通信、控制等多功能于一体的复杂系统，信息物理系统能实现信息世界与物理世界的交互智能化，广泛应用于交通运输、工业生产、智能电网等领域。CPS的产生基于德国“工业4.0”，采纳信息网络实现系统的自主性与可靠性，CPS的技术体系包含大数据、人工智能、物联网多种，是典型的新兴科技领域，得到全球重点关注。例如，德国政府根据其提出的“工业4.0”战略，通过打造由智能化的机械、存储系统和生产手段构成并应用于智能工厂的“网络物理融合生产系统”。中国政府发布的《中国制造2025》要求“针对信息物理系统网络研发及应用需求，组织开发智能控制系统、工业应用软件、故障诊断软件和相关工具、传感和通信系统协议，实现人、设备与产品的实时联通、精确识别、有效交互与智能控制”。由此可见，CPS在工业领域中已处于关键地位，然而在此过程中信息

① 何红丽、胡绍林、郭晓博：《基于CPS的飞机结构形变测量与管理》，载《兵器装备工程学报》2018年第12期。

② 杨思维、黄双喜、尹作重：《基于CPS的船舶智能制造体系结构研究》，载《制造业自动化》2019年第12期。

技术融入物理世界，网络连接加速，引起显著的系统安全问题，CPS 以分布式网络作为核心，此种开放的信息环境使得 CPS 极易受到攻击，如对系统造成破坏，损失不可估量。[①] 工业互联网安全对数字时代的影响愈发深刻，王冲华等（2019）认为，工业互联网平台是随着数字时代的飞速发展而构建的，工业互联网平台汇聚了海量数据，具备完善的数据分析与服务体系，支持制造资源高效配置，其向上承载应用生态，向下接入系统设备，是连接工业用户企业、设备厂商、服务提供商、开发者、上下游协作企业的枢纽，是工业互联网业务交互的桥梁和数据汇聚分析的中心。然而工业互联网平台的开放性与复杂性使其面临更多安全风险，平台安全是工业生产安全的关键。工业互联网平台有诸多安全问题，其管理体系并不健全、技术手段没有保障、数据隐私极易泄露等问题突出，我国发布多项文件规划工业互联网安全问题，也在逐步开展工业互联网安全保障工作，对工业互联网安全十分重视。基于此背景研究了工业互联网平台边缘层、IaaS 层、PaaS 层、SaaS 层各层级的安全风险，对比分析国内外政策，深度挖掘我国工业互联网平台所面临的安全问题。为促进工业互联网安全发展，提出一些有关促进我国工业互联网平台安全的针对性防护措施：在国家层面上需要清楚认识到工业互联网平台在不同安全层级的安全风险，从不同角度落实并完善工业互联网平台安全保障体系；在工业互联网平台企业层面，需从工业互联网平台分层安全防护与安全管理等方面，部署安全防护策略，提升平台安全防护水平。[②] 李燕（2019）认为，工业互联网以智能技术为支撑，是在数字经济背景下发展工业新领域，其将最初的设计生产环节与中间的流通过程到最后的服务环节紧密耦合，构建完善的数据管理体系，促进产业升级。信息网络与制造业的融合使工业互联网成为全球热点，为数字时代创造新业态，影响工业发展模式。然而，在国家数字经济驱动下，我国工业互联网在快速发展的同时也面临一些新问题：部分工业互联网平台因为缺乏积极的应用场景而变成了仅供展示的“阳台”；“信息孤岛”阻碍了制造资源、数据的集成共享和创新应用；平台关键技术本土供给能力不足；平台发展的资源要素保障条件有待完善。在此背景下，建议完善相关政策，为工业互联网发展创造挖掘新动力。[③]

3. 研究现状评述

综上所述，在中央大力鼓励新基建的发展背景之下，多数学者对新基建的内涵与特征及其未来发展方向进行探究，新基建以大数据、工业互联网、物联网、5G

---

① 张文婷：《基于信息物理系统（CPS）安全及解决方案的分析》，载《计算机技术与发展》2019 年第 10 期。

② 王冲华、李俊、陈雪鸿：《工业互联网平台安全防护体系研究》，载《信息网络安全》2019 年第 9 期。

③ 李燕：《工业互联网平台发展的制约因素与推进策略》，载《改革》2019 年第 10 期。

等技术为核心，能够打造智慧社会，推动数字经济时代向前演进，新基建发展新动能，开展新业态，应该长期坚持，政府与企业应该相互协作，互利共赢。新基建促进信息空间与物理空间联动，以工业互联网为核心技术。自德国提出"工业 4.0"战略以后，工业互联网就成为各国关注的热点。美国致力于工业创新，中国提出"中国制造 2025"，工业互联网被视为新一轮科技革命的关键，国内外学者均对工业互联网进行了深入探究，阐述了工业互联网的架构体系，并介绍了工业互联网各层面的关键技术及工业互联网在现实中的实践应用，甚至挖掘到工业互联网各层面所受到的攻击种类，针对不同的攻击模式提出了不同的解决方案。信息物理融合系统（CPS）包含计算、通信、控制等多种技术，将信息空间与物理空间深度耦合，学者们对 CPS 体系架构提出不同的理论支持，但都为了说明 CPS 的反馈流动机制，信息系统感知物理空间中的数据信息，异构网络实现数据传递，优化资源配置，继续反馈影响物理世界。CPS 在交通、能源、制造业等领域中均有应用，也有学者分析了 CPS 的技术漏洞并提出了一些算法框架解决问题。

现阶段的文章基本研究了 CPS 的基础理论并展示了其在制造业中的应用场景，也探究了 CPS 的发展方向，并且从不同层面分析了工业互联网安全风险，提出了相应的防护措施，然而已有研究的防护建议都是从技术层面探讨的，针对政策制度层面，详细建议鲜少涉及，而且将 CPS 与工业互联网结合起来进行细致探究开展制度研究的亦比较少。本课题研究报告展示了新的视角，在新基建背景之下，针对工业互联网以 CPS 为关键技术的观点，着重讨论以 CPS 为核心的工业互联网安全风险，并且从政策制度方面提出了相关的监管建议，有力保障了工业互联网安全。

4.2 新基建背景下的工业互联网发展实践

当前处于新一轮产业变革和科技革命时期，网络科技高速发展，大数据、人工智能等与社会生活的各个领域深度结合，新基建和传统基建大有不同，新基建指的是科技端的基础设施建设，具体包括大数据中心、5G、工业互联网、物联网、人工智能等。[①] 工业互联网是新基建的重要战场，由新基建衍生出的新型生产力正在催生新业态与新模式，同时工业互联网中数字技术与实体经济的深度融合也将进一步变革人类的生存发展环境。与之相伴而来的是安全风险势必不断飙升，网络攻击也将从数字空间延伸到物理空间，安全是新基建的"底座"，研究风险问题刻不容缓。

① 潘教峰、万劲波：《构建现代化强国的十大新型基础设施》，载《中国科学院院刊》2020 年第 5 期。

4.2.1 新基建的内涵

2020 年 3 月 4 日，中共中央政治局常务委员会召开会议提出，加快 5G 网络、数据中心等新型基础设施的建设进度。新基建的核心内容就是将工业互联网、人工智能等新型技术与社会实践应用领域相配合，实现各产业的信息化发展。新基建能够有效构建数据中心，挖掘人工智能效应，打破信息孤岛，实现万物互联互通。在数字时代下，此过程积极改变现阶段社会治理的方式，提高生产效率，促进产业转型升级，便利人民生活。新基建的核心即推动传统基建走向网络化，目标是夯实基础，面向未来。当前我国正处于产业大变革时期，信息网络的发展促进了新基建的形成，而新基建又会促进我国科技水平飞跃提升，加快推动数字经济发展。

4.2.2 新基建的特点

1. 数字新技术是新基建的前提和基础

创新驱动发展战略是我国的基本战略，新基建之“新”在于它技术的先进性，数字化技术是新基建的基础，支撑新基建智能化。传统基础设施多是单纯的机器设备，与信息网络相隔离，而新基建是数字技术形成的服务，其主要衍生于通信业、信息服务业、互联网业等行业，致力于提供数据的感知、传送、分析等服务。传统基建的发展水平取决于政府的投资规模及建设力度。新基建包含新技术，其发展水平更受科技创新的制约。科技创新的颠覆性越强，新技术工程化和产业化的速度越快，就会有越多的新技术获得应用，新型基础设施的发展水平也就越高。采用数字技术是认定新基建的前提，科技创新是新基建的基本内涵。

2. 虚实结合是新基建的重要形态

传统基建主要是物质产品形态，新基建的内生形态为虚拟产品，其采用异构网络联合的模式，将数据、软件、设备等连接起来，呈现虚实结合的特征。在新基建中，包含多种不同的技术，以虚拟化为特征，网络技术利用不同的算法机制，进行数据分析处理，得到优化方案，再将其反馈应用到现实世界。新基建中既包括虚拟技术，又包括实体建筑。

3. 开放平台是新基建的特色定义

新基建应当成为一个开放的平台，吸纳各方力量参与。新基建应在国家政策下实现整体优化，引领数字时代的发展。然而新基建的市场不确定性过大，因此必须在与市场需求相耦合中创造价值，积极鼓励不同主体参与开展合作。在此过程中产业链条长，带动效应明显。新基建以网络技术为主要运用，大大增强了产业基础能力，其根本功能就是促发展，保障国家一系列战略的实施。因此，新基建绝非一日之功，是应该融入数字时代发展全过程的战略部署。

4.2.3 新基建的功能

1. 新基建促进数字经济时代的发展

新基建实质即数字基建，更加彰显了数字经济的特色，它将促进交通、教育、医疗、通信等社会各个层面的发展变化。新基建与数字时代紧密相关，能够有力发展信息化和智能化，为数字经济时代的万物互联奠定基础，推动数字经济的发展。新基建使信息网络的移动互联逐渐与传统基建相互渗透，数字经济和实体经济紧密融合，形成开放互联的新型基础设施，以信息流动实现社会发展。

2. 新基建推动科技创新

聚焦于新型基础设施建设，为科技筑基，对我国来说意义重大。新基建能够推动关键技术平台的布局及数据库的完备，促进信息共享、科研合作，形成全面覆盖的技术设施体系。对科技设施的系统规划能够连接起不同环节的创新链，汇集各种算法，极大提高了创新效率。在新基建大环境之下，我国将有效提升资源配置效率，加速迈进智能创造时代，新基建会让中国成为真正的科技强国。

3. 新基建发展新动能

基础设施对于推动产业发展至关重要，新基建促进传统基建与数字化结合，形成信息物理融合系统，拉动新技术的应用。比如，我国在通信产业领域已建成全球最大的4G网络体系，4G的广泛应用带动了短视频、网购等行业的发展。新基建能够带动制造业进入新的应用场景，产生新的商业模式，创造新兴产业，实现新旧动能转换。这对我国形成产业新业态，发展新动能，实现经济结构转型升级十分重要。

4. 新基建的应用

新基建广泛应用于交通、能源、医疗、制造业等多个领域，为数字时代发展新业态贡献自己的力量。比如，我国在逐步实现交通现代化过程中由依靠传统要素驱动向更加注重创新驱动转变，致力于构建智能高效的现代化交通体系。在新基建的支撑下，大数据、5G、工业互联网等技术与交通领域深度融合，推动交通新型基础设施的建设发展，形成以数字创新为支撑的交通发展新业态。即依托我国的新型关键基础设施，实现“互联网 +”智能交通模式，促进交通运营的信息共享，实现运输方式优化，促进公众交通更加便利。智能交通具有新需求，也面临着新问题，现代交通要打造智能出行链，实现新型技术的创新融合，发展交通领域的智能控制能力；另外，制造业是实体经济的重要支撑，加快制造业转型升级有助于实现新旧动能转换，而新基建与制造业之间相关联，以信息化、数字化为典型特征的新基建是数字时代的重大亮点，新基建不仅包含互联网、大数据等新型技术体系，还囊括了对传统基础设施的数字化改造，而改造过程必然会给制造业带来积极变化，数字技术广泛应用于智能制造、运输、销售服务等环节，推进制造业链式新发展，加快制造业转型升级，在该过程中：技术是数据链的内在驱动力，利用生产技术创新来提高生产率，汇集企业优势；数据支撑供应链优化，实现企业与商家的同步覆盖；新基建下制造业产业链重塑，提升链条质量。新基建扩充传统基建的应用，发展新基建能够催生新业态，促进科技进步，使中国制造转向中国智造。

5. **工业互联网是新基建的主战场**

工业互联网是新基建的重要战场，工业互联网能与新基建的建设成果全方位融合。当前正处于新一轮科技革命和产业变革时期，信息技术、网络科技高速发展，大数据、人工智能、互联网等与社会生活的各个领域深度结合。工业互联网相当于工业领域的“操作系统”，信息网络技术在其中得到广泛应用并获取了海量数据，工业互联网利用工业大数据、工业智能等技术推动工业领域的新兴发展，提升资源配置效率，发展数字经济时代。工业互联网以数据中心为重要支撑，以人工智能为关键技术，工业互联网的大数据系统通过收集、处理、分析、应用数据资源来统筹管理工业领域的各种资源要素，新基建与工业互联网要将数据这一生产要素全面融合于传统基建，对其进行大改造。工业互联网平台包含多种新型基础设施：首先，大数据基础设施负责收集数据，完成数据选择分类、分解应用的任务；其次是算法基础设施，工业互联网平台需要算法机制来进行数据分析；另外，边缘计算是其中非常重要的基础设施。在工业互联网平台中，在降低无线空口时延的基础上，还需要将计算能力下沉，可以利用边缘计算实现本地缓存和过滤数据，减少时延的同时减轻中心云的带宽和处理能力的压力。[①] 工业互联网的发展能够有效推动5G、数据中心、人工智能等新型基础设施的建设，提升数字经济时代下“新基建”的建设成效，推动中国经济向前发展。

工业互联网作为推进“人一机一物”全面互联的核心被纳入“新型基础设施”。新基建下的工业互联网已经成为数字时代智能化发展的核心支撑，其应用场景十分丰富，在钢铁、化工、机械、能源等方面得到广泛应用，它是数字化、智能化在工业领域的充分展现，是推动我国产业体系新旧动能转换的重要抓手。工业互联网是数字经济发展的重要支撑，其与实体经济深度融合，渗透到多个国家关键行业领域，数据与实体相连接，工控系统变得开放互联，增大工业互联网各层级安全问题暴露的概率。工业互联网平台漏洞增多，易被监测与攻击，安全威胁日益加剧。在新基建背景之下，工业互联网作为重要战场，其安全性深度影响产业发展，构建完善的工业互联网安全体系显得尤为重要。

---

① 张昌福、杨灵运：《“新基建”背景下工业互联网的安全挑战及应对策略研究》，载《中国信息化》2020年第6期。

4.3 以 CPS 为核心的工业互联网应用

互联网及新一代信息技术与工业系统全方位融合形成工业互联网。工业互联网相当于工业领域的“操作系统”,以数据中心为重要支撑,以人工智能为关键技术,并以新型工业生产环境——信息融合物理系统(CPS)为核心,成为推动工业领域新兴发展的重要基础。在该背景下,信息网络融合于国家关键基础行业,电力、交通、石化、制造业等日益趋于智能化,各行业的控制系统间逐步实现远程控制及信息互联互通。工业互联网的广泛应用也能够有效推动人工智能、数据中心等新型基础设施的发展,提升数字经济时代下“新基建”的建设成效。[①]

4.3.1 CPS 界定

CPS 高度集成了一系列计算技术,通信技术及调控技术,CPS 综合计算,网络和物理进程,通过反馈循环系统来融合海量异构数据,处理实时信息,远程精准控制,协调动态资源。概括来说,CPS 是一个将信息空间的离散模式与物理世界的连续动态模式相结合后形成的混杂系统。

1. CPS 概念

微观层面,CPS 在物理学科中应用了电子计算机和通讯内核,以实现电子计算机程序和物理系统全面朝着一体化方向发展,二者有机结合,利用反馈循环的方法互相影响,满足了嵌入式的互联网络对物理系统程序进行实时稳定的检测和调控。宏观层面,信息物理融合系统工作在不同时间和空间的分布式、异布系统中,涵盖了感知、决策以及调控等类型的可编辑程序,各个子系统利用有限或无限通信手段,凭借网络基础设备进行相互协调工作,有效满足了对物理系统的远程协调感知,从而为人们提供有效服务。[②] CPS 关注资源的合理利用与调度优化,能实现对复杂系统和广域环境的实时感知与动态监控,并提供相应的网络信息服务,且更为灵活、智能、高效。

2. CPS 结构

CPS 将信息世界与物理世界紧密融合,信息在异构网络间传递最终又反馈给物理空间,帮助工业互联网构建新时代应用场景。CPS 体系结构包括物理层,数据传输层,应用层三个层面(图 4-1),三个层面相互协调,相互配合,共同完成

---

① 田杰棠、闫德利:《新基建和产业互联网:疫情后数字经济加速的“路与车”》,载《山东大学学报(哲学社会科学版)》2020 年第 3 期。

② 赖丹丹、张立臣:《信息物理融合系统的结构与特征》,载《电子技术与软件工程》2018 年第 12 期。

CPS完整的体系架构。物理层：主要包括传感器和执行器，传感器主要负责对物理世界信息的感知，将物理世界中的信息融入计算过程，起到很好的协调沟通作用。物理层最大的特性便是实时性，它需要对外界信息进行实时感知，不得延误。而执行器负责执行系统的控制命令，进行动态控制。数据传输层：信息物理系统具有异构性，是由不同网络架构而成的，网络之间信息互通，将数据实时传输，起到上传下达的作用。同时进行数据分析与数据处理，在该层面中可利用算法处理数据，将多种数据综合计算，利用各种数据处理的技术与方法对数据准确分析，选择出最优方案，为更好地服务于应用层奠定基础。应用层：在经历了物理层，数据传输层之后，到达了信息物理系统的最顶层——应用层，通过前述对信息的感知，传输与处理之后，应用层将信息进行配置，通过任务的调度与执行等，应用于现实实践中，服务于人们的生活。

CPS是信息世界与物理世界深度融合的智能控制系统。① 如图4-1所示，它利用嵌入式软件，从被控的对象和环境中感知信息，通过数据传输层的计算功能来处理分析被控对象的当前状况，最后再根据已建立的模型计算和控制规则形成决策结果，向执行器发出操作指令。在具体的应用中，以上过程是一个“感知－分析－决策－执行”的循环往复过程，直到实现既定的控制目标。② 在实际运行中，大量传感设备利用无线通信组成网络，协调完成对物理环境的检测，然后对相应信息深入分析、融合处理，并将所得数据通过异构网络传送给应用层，最终和执行设备共同调控，保证系统运行的连贯有效性。

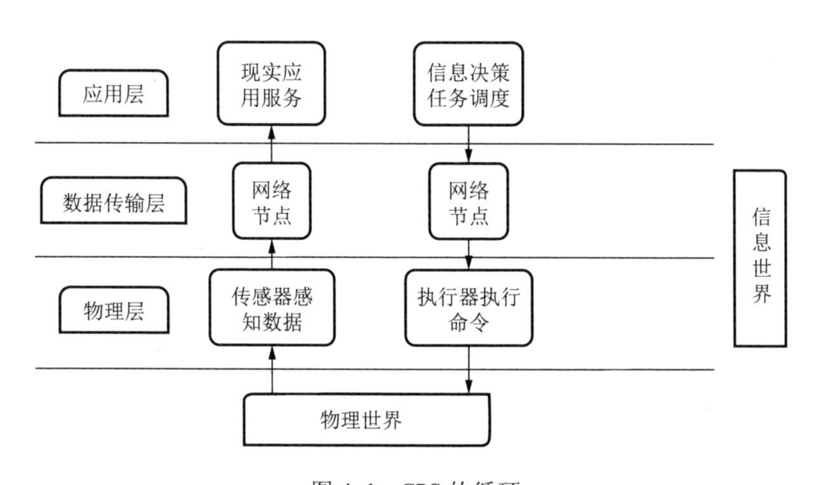

图4-1　CPS的循环

① Vijayakumar V. Subramaniyaswamy V. Abawajy J. et al, Intelligent, smart and scalable cyber-physical systems, Journal of Intelligent and Fuzzy Systems, 2019, 36 (5): 3935-3943.

② 李馥娟、王群、钱焕延：《信息物理融合系统研究》，载《电子技术应用》2018年第9期。

3. CPS 特性

（1）实时性。

CPS 对实时性要求较高，传感器需要实时感知信息并且将感知的数据提交给应用层，数据收集和提交的实时性对决策的准确程度影响非常大。根据实时感知的决策结果，控制器对物理实体进行控制。在 CPS 内部不断进行实时通讯，将会产生大量数据及信息，如果无法保证数据的实时性，则会导致信息的滞后，因此需要对 CPS 不断进行实时优化，保障 CPS 的实时性。

（2）开放性。

CPS 的网络环境是开放的、异构的，可以同时涵盖诸多不同属性的网络，进行信息互通。系统采用开放式、标准化通信规约，兼容各类终端的即插即用以及设备之间的互通互信。各种网络采用不同的通信协议，其传输速率与数据结构都有区别，因此信息物理融合系统具有很高的开放性和灵活性，能够实现不同网络系统之间的跨平台互联和高度集成；CPS 中包含了许多子系统，各个子系统之间利用有线或无线通信方式来进行协调运作；并且，信息物理融合系统中有大量的网络化嵌入式计算，是一种典型的分布式计算系统。CPS 是一种具有开放性特质的智能系统。

（3）融合性。

融合性是指量测、感知、计算、通信等功能的深度嵌入，实现更全面、更准确的自我状态与全局态势的感知。CPS 具有紧密的耦合性，在信息物理融合系统之中，计算、通信与控制是紧密结合的。传感器获取信息以后将其传送到上层网络，控制器根据指令进行操作。计算、通信及控制模块既互相依赖又互相牵制，实现紧密融合。另外，CPS 的各个层面相互配合，物理层获取实时信息，数据传输层传输并处理信息，应用层调度任务，通过反馈循环系统来实现对物理实体的控制。感知和执行单元与高层控制单元紧密融合在一起，共同保证信息物理融合系统的实效性。

（4）复杂性。

CPS 是一种大规模的网络化复杂系统，它在时间和空间等维度上均具有复杂性。CPS 由非常多设备组成，如传感器、控制器等，并且 CPS 中包含了许多子系统，对 CPS 进行分布式构建，按一定规律构造了一个复杂的网络化系统；CPS 具有感知和处理外部环境巨大复杂性的能力，涉及政策、制度、经济要素、产业竞争力、商业生态、平台、商业模式创新等一系列问题；CPS 将计算和物理资源紧密结合，实时感知物理环境的信息，并且对物理世界进行动态分布式控制，最终形成了一个信息系统与物理系统深度融合的复杂系统。

（5）自主性。

CPS 高度自治化，能够自行消化信息、自主动态地操控设备。通过分布式协同控制技术的应用,能实现系统集中控制与局部自治的有机结合。自治性是 CPS 的基础,其可以实时感知物理信息并进行操作,在人不干预的情况下,系统仍然能正常运行。物理层将信息传送到应用层,应用层针对物理环境和用户需求,自主对内部关联与模型进行调整,发送指令。物理实体通过实体间的自主协调,实现指令;CPS 的分布式布控是通过各节点自主感控来实现的,CPS 赋予节点自治性,结合反馈循环系统,进行自主自适应调节,调度任务,解决问题。信息物理融合系统是一个自学习、自适应、动态自治、自主协同的智能系统。

(6) 事件驱动性。

信息物理融合系统具备较强的嵌入性,传感设备和执行设备让计算深入每一个物理组件当中,甚至深入物质当中,让物理设备自身具有计算、通讯、调控、远距离协调以及自治等性能,极大地便捷了计算方式。系统运行过程中,物理环境和对象形态的变化形成了信息物理融合系统事件,进一步形成触发事件、传感事件、进行决策、实施调控以及最终闭环,因此具备较强的事件驱动性。同时,在实际运行中,会主动形成以数据为中心的信息物理融合层面的组件与子系统,均围绕数据结合向上提供服务,并沿物理世界接口位置传送到用户途径上,进而提高抽象级,让用户获得全面准确的事件数据。①

4.3.2 以 CPS 为核心的工业互联网应用实践

全球工业领域正逐步实现信息化,工业互联网以 CPS 为核心,将信息空间与物理空间紧密融合。至此,CPS 在工业互联网中得到广泛应用。

案例 1:配电网与 CPS 相结合,在配电网状态量测采集的基础上,利用计算、控制等技术提升配电网的协同自治能力。配电网 CPS 通过传感器采集数据,将物理空间中的数据信息在网络空间中传递流动。另外,通过将外部一些非结构化的数据,如投诉电话记录。转化为配电网信息空间可解读的结构化数据。并且,CPS 可以对配电网内外部的物理实体信息进行综合处理,形成最优决策来对物理空间实体进行控制,使配电网设备运行更加可靠。②

总结:将 CPS 运用到电力运行过程中,可以解决电能在生产以及服务过程中所产生的复杂问题,使智能电网能够实时检测到即将发生的故障问题,快速隔离故障,避免损失,还可以实现对电价的实时调整以及电力的优化调度。随着大量新能源发电的应用,CPS 可以帮助智能电网了解用户发电用电的信息并给出针对性服务,通过采集到的信息对电网进行建模分析,实现远程监控。

---

① 赖丹丹、张立臣:《信息物理融合系统的结构与特征》,载《电子技术与软件工程》2018 年第 12 期。

② 郑佩祥:《配电网 CPS 理论架构和典型场景应用》,载《中国电力》2019 年第 1 期。

案例 2：随着交通系统的进步发展，解决交通拥堵已经成为一个重大议题，将 CPS 配备于汽车领域中，形成智能车辆，可实现交通运输的高效性和可持续性。现代智能车辆已经能够配备嵌入式网络系统，利用信息网络在车与车之间以及车与其他基础设施间进行数据传递共享。智能车辆能够帮助驾驶员估测实时交通条件，车载网络能够帮助司机选择最方便通畅的路径，嵌入式网络设备还能够实现车辆控制，比如自动倒车、自动停车、转向、变道等。另外，通过管理智能车辆也能够促进智能交通领域良性发展。

总结：基于 CPS 的交通系统通过散布于道路、人和交通工具中的各种智能感应装置进行行车信息的实时采集、传递和处理，可实现“人－车”以及“车－车”之间的自治与协调。目前，汽车中应用的 ACC、ESP、自动泊车系统等技术都属于汽车 CPS 技术研究的新进展。汽车 CPS 技术不但可以提高单辆汽车行驶的安全性、可靠性和节能性，而且还可以实现智能调度，有效减轻城市交通压力。通过 CPS 技术，可以实现交通信息的实时通信，对车辆流量进行有效控制，促进行车安全。①

案例 3：CPS 可应用于船舶制造，利用 CPS 来采集存储船厂实体空间包含的有关装备、位置、时间、环境等数据，以船舶制造的内在机理为基础，进行仿真建模；CPS 还可应用于钢铁制造过程，实现对产品的个性化定制、精准管控产品质量、提高钢铁的质量及生产效率、降低生产成本，在钢铁制造过程中，CPS 为其中每个环节建立端到端的工程数字化集成，采集每台装备的生产数据、质量参数及设备健康指数等数据，并且依照指令来实现智能化控制。

总结：工业 4.0 以智能制造为主，旨在打造信息业与工业结合的工业制造模式，利用 CPS 能够令各制造单元间自动交换信息、实现智能控制，推动制造业向智能化转型。智能制造系统摒弃以往制造业花费高、能效低的缺点，大大提高工业制造领域的生产效率，不同组件通过异构网络使得联系更加密切，合作更加通畅，实现物端自治，提升信息化水平。

案例 4：西门子安贝格工厂的智能物流配送系统，利用 CPS 来准确识别物料信息、将信息输送到中央物流区、实时监测生产环节，以立体仓库和配送分拣中心为产品的表现形式，由立体货架、有轨巷道堆垛机、出入库托盘输送机系统、检测浏览系统、通信系统、自动控制系统、计算机监控管理等构成，综合了自动化控制、自动输送、场前自动分拣及场内自动输送，通过货物自动录入、管理和查验货物信息的软件平台，实现仓库内货物的物理活动及信息管理的自动化及智能化，提高运行效率。

总结：CPS 还能够帮助工厂优化工作流程、提高工作效率。传统生产线上用

① 李馥娟、王群、钱焕延：《信息物理融合系统研究》，载《电子技术应用》2018 年第 9 期。

人工检测的方式进行质量检测，这种方式耗时长，见效慢。现在很多工厂使用以CPS为基础的视觉工具，从而自动检测出各种缺陷，提高质检效率，优化质检流程。[①] 另外，在工厂内利用CPS实现系统自动化工作能够有效降低工作成本，为企业提升能效，加快企业升级。

案例5：在医疗领域中，以CPS为关键技术形成医院病房监护系统，利用该系统监护病房就能随时监测到病人的脉搏、体温、血压等身体指数，一旦病人身体出现异常，系统就会即时通知医生。在该系统中，各医疗设备间相互合作、共享信息，共同协调监测患者状况，实现信息网络和物理系统的耦合。医院病房监护系统中通过各种医疗设备实时感知病例报告、病症信号等数据信息，网络对其加工处理，为管理病人身体提供极大便利。[②]

总结：医疗CPS是以保障生命安全为重要前提的网络化、智能化的医疗设备系统，通过各医疗单元之间的实时网络化通信、决策与控制，辅助医务人员实施操作，实现了医疗资源的高效、合理利用。[③]

CPS技术一经提出就得到了工业互联网领域的广泛关注，其利用设备之间的互联互通消除掉工业运行环节中的信息孤岛，有效监控生产过程，合理调度资源，优化资源配置。CPS依靠其本身的特点，可以解决工业进程中的数据采集、信息集成、数据的分析和应用等问题，提高工业智能化水平。[④] 工业互联网利用CPS把数据、人和机器联系起来，智能设备负责收集大数据，智能系统挖掘数据并传输数据，最后形成智能决策，实现工业系统的智能交互。现如今许多工业工程是以CPS系统为基础的，CPS在电力、汽车、工业自动化、航空航天、健康医疗设备等国家关键行业将有广泛应用。

4.4 CPS应用的工业互联网安全风险分析

以CPS为核心的工业互联网打通了工业系统与互联网，渗透到制造、能源、交通等关键领域，构成了从广度到深度前所未有的国家关键信息基础设施，打破

---

① 王一晨：《运用工业互联网推动中国制造业转型升级》，载《中州学刊》2019年第4期。

② 翟允赛、王奎：《大数据驱动的CPS在医疗领域的应用研究》，载《电脑编程技巧与维护》2018年第12期。

③ 景博、周伟、黄以锋等：《信息物理融合系统及其应用》，载《空军工程大学学报（自然科学版）》2014年第2期。

④ Waschull S. Bokhorst J A C. Molleman E. et al, Work design in future industrial production: Transforming towards cyber-physical systems, Computers & Industrial Engineering, 2020, 139: 105679.

传统工业相对封闭可信的制造环境。[①]随着CPS的广泛应用，一旦CPS产生危险，其安全风险可贯穿工业互联网的整个过程，形成风险链，影响产业安全、经济安全乃至国家总体安全。具体而言，其安全风险体现以下特性。

4.4.1 CPS攻击体现信息物理耦合与攻击隐蔽特性

CPS攻击过程包括利用CPS设计和业务流程实施攻击，篡改控制指令造成系统异常运行，阻断系统测量数据以阻止控制系统的安全响应，体现出CPS攻击的特殊性。因为物理系统的状态变化有一定限制（如电力系统中发电机出力的提升有爬升约束限制），且物理系统都有安全应急机制和保护措施，因此攻击者往往结合物理系统的业务逻辑和保护机制，设计攻击策略，一方面通过持续的攻击使得系统达到特定状态；另一方面隐藏自身的攻击行为，躲避系统的异常检测和保护机制。CPS安全事件都有信息物理耦合与攻击隐蔽两个特点。[②]

（1）信息物理耦合。

CPS具有紧密的耦合性，计算、通信及控制模块既互相依赖又互相牵制，实现紧密融合。因此针对CPS的攻击为了使攻击效果最大化必须考虑物理约束和系统业务流程。网络攻击的构建会受到物理系统的约束，同时攻击又要依赖于这些条件实现其巨大破坏力。

（2）攻击隐蔽。

攻击者经常长期潜伏，来获取其所需的物理系统知识特别是信息控制权限，以便在攻击时不会被安全监控系统所察觉。从开始接入探测到完成攻击目标都需要保持隐蔽。

针对CPS的攻击一般是针对CPS的保密性、完整性及可用性等特点。在CPS中对获取信息的权限的规定非常严格，某些攻击的目的就是为了获取更大的信息权限，这样就会导致CPS的保密性被破坏，造成巨大损失。在CPS中应该严格保证信息的完整性以及数据的实时性，不得允许外界对CPS中的信息随意改动，若数据的完整性遭到破坏，会导致决策失误。CPS中，可用性最重要，一旦可用性被破坏，数据传输就会被中断，并且影响到现实世界的正常运转。

4.4.2 互联互通导致网络攻击路径增多

传统的物理系统运行在相对隔离的环境中，攻击者难以接入、实施攻击。而

① Radanliev P. De Roure D. Nurse J R C. et al, New developments in Cyber Physical Systems, the Internet of Things and the Digital Economy-discussion on future developments in the Industrial Internet of Things and Industry 4. 0, 2019.

② 刘烃、田决、王稼舟等：《信息物理融合系统综合安全威胁与防御研究》，载《自动化学报》2019年第1期。

CPS 实现了系统的智能化和信息化，运行环境由原来的相对封闭转向互联互通。CPS 的网络环境是开放的、异构的，可以同时涵盖诸多不同属性的网络，进行信息互通。系统采用开放式、标准化通信规约，兼容各类终端的即插即用以及设备之间的互通互信。各种网络采用不同的通信协议，其传输速率与数据结构都有区别，能够实现不同网络系统之间的高度集成和跨平台互联，因此信息物理融合系统具有很高的开放性和灵活性；CPS 中包含了许多子系统，各个子系统之间利用有线或无线通信方式来进行协调运作；并且，信息物理融合系统中有大量的网络化嵌入式计算，是一种典型的分布式计算系统。CPS 是一种具有开放性特质的智能系统。

信息系统和物理系统深度融合，为攻击者提供了更多的路径进行攻击。如 Stuxnet 攻击通过 U 盘摆渡侵入核设施控制系统，WindShark 则直接通过物理接入无人值守的风电场控制系统。CPS 网络攻击大致可以分为 3 类：拒绝服务攻击（denial-of-service，DoS）、欺骗攻击和重放攻击。DoS 攻击是指采用合法攻击手段进而导致服务器不能正常向用户提供服务，最常见的模式是攻击者提出海量请求以占用服务器资源，此时合法用户便无法得到及时响应，系统也无法提供正常的网络服务；欺骗攻击是指攻击者通过修改网络传送数据包来破坏数据的完整性，以获取目标的访问权或关键信息；重放攻击是指攻击者通过收集部分传输数据来重复发送或延迟发送其中的有效数据，破坏系统的正常运行。①

在 CPS 中，计算、感知、量测、通信等各种功能深度嵌入系统，能够更准确全面地感知自我态势与全局状态。CPS 的多维异构性决定了 CPS 互联互通、网络规模大、时空分布复杂等特点，其作为一种典型的相互依存网络，实现了系统与设备的交互操作。它通过物理层获取数据并利用异构网络将数据传输到应用层，各组件共同联系构成了一个庞杂系统。其信息层和物理层具有密切的相互依赖性，系统中网络规模的大幅度增长以及分布式的信息处理环境使得 CPS 系统非常容易受到网络攻击，进而对国家安全和人民生活造成严重威胁。②

4.4.3 关键基础设施网络安全风险加剧

以 CPS 为核心的工业互联网平台具有感知和处理外部环境巨大复杂性的能力，涉及政策、制度、经济要素、产业竞争力、商业生态、平台、商业模式创新等一系列问题。信息网络逐步融合于电力、航空、交通、医疗等国家关键基础行业，这些

---

① 丁达、曹杰：《信息物理融合系统网络安全综述》，载《信息与控制》2019 年第 5 期。

② Lun Y Z. D'Innocenzo A. Smarra F. et al, State of the art of cyber-physical systems security: An automatic control perspective, Journal of Systems and Software, 2019, 149: 174-216.

平台涉及设计协同、供应链协同、制造协同、服务协同、用户全流程参与以及产品服延伸等方面，具有很强的事件驱动性。这其中承载着大量重要的工业数据，数据体量大、种类多、结构复杂，并且平台具备开放共通，融合共享的特点，网络之间互联共通，实现流动共享，一旦数据资源发生错误，将会产生重大隐患。① 至此，以 CPS 为核心的工业基础设施平台网络安全风险加剧，一旦某一层面发生危险，极有可能会影响整个产业链，严重威胁工业、经济安全乃至国家总体安全。

案例 1：2010 年，Stuxnet 蠕虫攻击伊朗的铀浓缩工厂，导致近千台离心机被损毁，Bushehr 核电站也被病毒感染，结果是该核电站被迫关闭，伊朗的重要国策——铀浓缩计划停滞不前，最终伊朗的核计划推迟。

案例 2：2011 年，位于美国伊利诺伊州的城市供水系统因为监控系统被攻击导致该城供水泵被大量烧毁，给民众造成极大不便。

案例 3：2012 年，“火焰”病毒攻击伊朗石油系统控制网络，窃取大量有关石油工业的机密数据，严重威胁伊朗能源安全。

案例 4：2014 年，欧洲的工业制造系统被 Havex 木马袭击，该病毒专门针对工业控制软件，实施远程控制，因而造成水电坝失控、电网断路等严重后果。

案例 5：2015 年，乌克兰遭受网络攻击，造成多座变电站断电，大约 70 万户居民的家中停电数小时。BlackEnergy3 利用漏洞入侵系统，对断路器下达断开指令，导致多领域断电。②

案例 6：2018 年，伊朗国家信息数据中心遭到攻击，约 3 500 台路由器交换机遭破坏，导致全国范围内的互联网短时间瘫痪。③

4.4.4 风险结果具有连锁性、复杂性

CPS 中各个子系统紧密耦合，以分布式网络呈现，一旦一个节点发生故障，就会影响各部分网络，造成连锁式风险，产生不可估量的危害后果，以 CPS 为核心的工业互联网安全风险显示出连锁性、复杂性特征，形成风险链。风险链由危险源、隐患、危害因素、风险、事件等多要素共同构成。危险源为基础，危害因素与风险皆基于危险源而存在，隐患贯穿始终，风险的结果发生便导致事故事件显现，由此形成一条完整链条——风险链。

---

① 杜霖、陈诗洋、姜宇泽等：《工业互联网安全关键技术研究》，载《信息通信技术与政策》2018 年第 10 期。

② 刘烃、田决、王稼舟等：《信息物理融合系统综合安全威胁与防御研究》，载《自动化学报》2019 年第 1 期。

③ 秦安：《“震网”升级版袭击伊朗，网络毁瘫离我们有多远》，载《网络空间安全》2018 年第 11 期。

风险链中的各领域风险并非是被动、孤立的，而是共同构成了能够相互触发、叠加、共振的复杂运动系统。如图4-2所示的攻击过程，攻击者在物理层对节点进行攻击时，可以获取涉及加密密钥的信息，使用加密密钥威胁整个系统。攻击者进入数据传输层以后，对数据进行窃听与观测，以捕获的节点为跳板攻击其他节点，使受损节点只传送被攻击者选定的数据，影响数据传输层的信息传送，数据信息无法被完整而确切地传递到应用层，攻击者此时就可以利用数据漏洞来攻击系统，利用恶意代码等破坏系统。进入应用层后，在应用层中的一个网络节点存在问题，将直接影响到CPS资源与决策的配置，进而影响到整个工业互联网系统，对工业体系造成极大危害。攻击者在最初进入信息物理系统时只针对部分节点进行攻击，产生隐蔽风险，然而系统具有分布式网络特征，攻击者利用捕获的节点一步步破坏CPS的运行，形成风险链，最终造成CPS崩溃，从而造成重大危害。

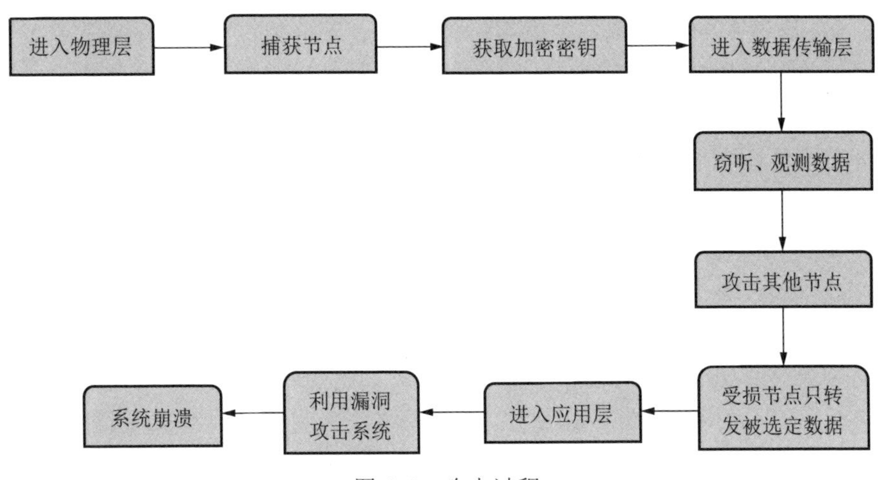

图4-2 攻击过程

智能电网中集成了计算、通信与控制技术，是一种典型的电力信息物理融合系统。该系统可以划分成物理空间与信息空间，物理空间中包含了数个互相联系的物理实体（如电源、输电线路、负荷等），信息空间中包含了各类计算、监控设备和通信网络。智能电网在运行过程中，首先由信息空间的检测设备获取信息，各级网络将物理实体的运行信息传送到计算设备上，计算设备以物理环境和用户需求为根据来制定合理的控制策略，随后将控制命令发送到各个智能控制终端，物理实体接收指令后执行相应的操作。如果单个网络中不经意发生一个小故障并且系统未进行及时处理，就会引发链级故障，在异构网络间相互传递，极有可能导致大规模停电，甚至威胁人身安全、产生重大经济损失。

案例 1：将六次大停电事件列举见表 4-1：① 2003 年北美；② 2003 年意大利；③ 2005 年莫斯科；④ 2006 年中国；⑤ 2009 年巴西；⑥ 2011 年巴西。

表 4-1　六次大停电事件

停电地点	发生时间	源发故障	持续时间(min)	损失负荷(GW)
北美	2003. 8. 14	345 kV 线路跳闸	65	61. 8
意大利	2003. 9. 28	线路树闪跳闸	30	15
莫斯科	2005. 5. 25	线路过载跳闸	140	3. 6
中国	2006. 7. 1	线路保护误动	17	1. 656
巴西	2009. 11. 10	雷电闪络短路	1. 3	21. 36
巴西	2011. 2. 4	开关失灵保护误动	21	8

注：持续时间是指从源发故障发生到大停电形成的时间。

总结：从表 4-1 中实际大停电案例的基本信息可知，连锁故障通常源发于简单故障。连锁故障包含了若干具有时序性关联的复杂逻辑事件，这些事件主要指各类元件相继退出运行，包括线路 / 变压器保护动作、切机切负荷、安控装置动作。随着事件的发展，CPS 系统脆弱性逐步增强、元件失效规模不断增大、运行安全水平持续降低，直到事件发展到一定程度，元件切除规模与系统脆弱性骤升，系统状态出现无法控制的快速变化，最终体现出复杂系统自组织临界特征，对系统稳定、经济运行，甚至国民生计、社会安定产生严重影响。[①]

案例 2：通过一个 IEEE-30 母线系统的仿真模拟实验可以看到，电力系统都有自动保护，如果功率流过线以后要自动保护。这条线如果受到攻击或者出现工程故障断了以后，按照能量守恒原理，功率流很快转到其他线路上，可能造成相应的线路也过流保护，以此类推，系统线路不断地断开，然后发电机组不断从系统当中切除，最后形成一个个孤岛，系统彻底解链，发电系统、供电系统彻底崩溃，工程故障会导致巨大问题。

总结：工业互联网以 CPS 为关键技术，致使电力设备逐步实现全面信息化，然而信息网络具有开放性、脆弱性等特点，这为攻击者实施攻击提供机会，一旦攻击开始，危害呈现链式特征，一步步产生重大影响，信息攻击可能导致电网的连锁式崩溃。[②]

① 刘友波、胥威汀、丁理杰等：《电力系统连锁故障分析理论与应用(二) ——关键特征与研究启示》，载《电力系统保护与控制》2013 年第 10 期。

② 管晓宏：《智能时代的信息物理融合系统》，载《网信军民融合》2020 年第 1 期。

4.5 以 CPS 为核心的工业互联网安全风险的防控应对措施

新基建进一步促进物理空间与信息空间的连通，应对以 CPS 为核心的工业互联网的安全风险时，应确立基于 CPS 安全先行理念的风险链防范理念。

4.5.1 已有工业互联网安全防控制度评述

1. 国外典型国家政策制度

（1）美国。2001 年，美国第 13231 号行政令宣布正式成立“国家关键基础设施保护委员会”，该委员会具备修改关键基础设施保护政策的权力，并需定期提出相关建议和计划。2002 年美国出台《关键性基础设施信息法》，着力防控安全风险，同年的《国土安全法》正式组建国土安全部，且所属的信息分析与基础设施保护局负责关键基础设施保护工作。美国于 2003 年出台《保障网络空间安全的国家战略》，旨在阻止针对工业互联网的网络攻击，降低国家面对攻击时的应对脆弱性，力求发生攻击时将损失下降到最低、恢复时间缩减到最短；2011 年，美国为赢得全球制造业竞争优势，正式启动“先进制造伙伴计划（AMP）”，推动学术界、政府、产业界形成合力，合力投资新一代信息技术，确保美国在全球制造业发展中的领导地位。2012 年，美国发布《先进制造业国家战略计划》，该计划支持改进制造业设计流程，强化先进材料、国防科技工业、物联网、新一代信息网络等创新研究。2013 年，美国开始实行《国家制造业创新网络初步设计》。2018 年 10 月，美国推出“美国先进制造领导力战略”，将制造业网络安全作为战略实施的产业布局方向和重要着力点，出台了一系列安全政策与标准规范以保障工业互联网产业安全有序发展。2018 年 11 月，美国成立网络安全和基础设施安全局（CISA），负责基础设施与关键网络的安全，并将工业互联网安全列为优先事项。能源部、CISA 等政府机构注重与企业产业界的合作，进一步加强工业领域的信息安全保障工作。同时，美国持续开展工业互联网安全领域的立法工作，为安全产业发展提供法律支撑，仅在 2019 年就通过了《保障能源基础设施法》《物联网设备安全法案》《供应链网络安全风险管理指南》《利用网络安全技术保护电网资源法案》，全面保障物联网、电力、能源、医疗等工业互联网关键基础设施的信息安全。

（2）德国。德国在国家层面大力推进“工业 4.0”战略，意在通过网络化、数字化、智能化手段进一步提高工业效率，发展工业互联网。2011 年，德国颁布首份《德国网络安全战略》。通过该战略，政府评估了国家网络安全所面临的威胁，描述了国家网络安全战略的框架条件、现实依据、基本原则、保障措施等。其中，重点提出保障国家关键信息基础设施，建立应对网络攻击的工具。德国于 2013 年发布《保障德国制造业的未来——关于实施工业4.0战略的建议》，将可利用资源统筹数据化，积极建立智能化工厂，实现数据线上共享，大力鼓励“互联网＋”先进制造业创新发展，推动企业分散化生产，用户享受个性化定制服务。2014年，德国发布《数字化议程：2014—2017》，并确立数字化创新战略，其主要内容包括信息安全、劳动数字化等。后德国政府基于此又提出《新的高技术战略——创新为德国》，关注数字化经济、创新工作与医疗、可持续经济与能源、移动智能和民生安全等五大领域，为工业互联网安全保驾护航。2015年，德国先后发布《工业4.0中的IT安全》《工业4.0安全指南》《安全身份标识》《跨企业安全通信》等文件，提出以网络物理系统为核心的分层次安全管理思路。2016年，德国发布新版《德国网络安全战略》，来应对更多的针对工业互联网的网络威胁活动。新版战略细化部署了未来几年的网络安全建设，成为德国新一轮网络安全行动的指南。2019年，德国联邦信息安全局（BSI）又出台了《2019年工业控制系统安全面临的十大威胁和反制措施》等多份工控安全实施建议文件，具体指导企业做好工业信息安全防护工作。

（3）日本。2000年，发布《关键基础设施网络反恐措施特别行动计划》。2001年实施的《高度信息通信网络社会形成基本法》（也称“IT基本法”）所提出的举措就包含确保工业网络的可靠性和安全性等相关措施。2005年，日本国家信息安全中心颁布《关键基础设施信息安全措施行动计划》，明晰关键基础设施的概念，确定关键基础设施的保护范围，规定各主管部门的保护职责，以增强防御能力。2009年，日本信息安全政策委员会发布《关键基础设施信息安全第二行动计划》，旨在进一步指导开展日本的关键基础设施保护工作。2014年11月6日，日本正式通过《网络安全基本法》，其作为网络安全领域的基本法和综合法，对关键基础设施保护做出相关规定：明确规定关键基础设施运营商要遵循国家网络安全基本理念，积极与政府、地方公共团体共同协作；规划关键基础设施运营商的职责，具体包括稳定提供相关服务，自主确保网络安全，积极配合国家及地方公共团体落实网络安全措施等；在政府制定的网络安全战略中，要做出运营商确保网络安全相关事项的规定；关键基础设施运营商需采取的一系列措施，如制定标准、信息共享、开展演习与训练等。2016年，日本提出了以AI技术为基础、以提供个性化产品和服务为核心的“超智能社会5.0”概念，“互联工业”是其中的重要组成部分；同年成立工业网络安全促进机构（ICPA），专门抵御关键基础设施的网络攻击。日本于2019年发布《网络／物理安全对策框架》及其配套的一系列行动计划，以确保新型供应产业链的整体安全，梳理工业产业所需的安全对策。同时，日本积极实施供应链网络安全强化、安全人才培养、网络安全经营强化、安全业务生态系统建设等配套行动计划。

2. 我国政策制度

随着数字时代的发展，传统制造业加快转型升级，工业互联网成为新基建背景下的重要战场，推进我国工业领域实现智能化、信息化。然而工业互联网以异构网络为基础，网络系统的开放性使工业互联网更易受到外部攻击，带来极大风险。自2015年以来，我国已经发布多项法律法规来保障工业互联网安全，促进工业互联网良性发展。

国务院首先于2015年颁发相关行政法规——《中国制造2025》，最早提及工业互联网，部署全面推进实施制造强国战略，提出“三步走”战略目标：第一步，到2025年迈入制造强国行列；第二步，到2035年我国制造业整体达到世界制造强国阵营中等水平；第三步，到新中国成立100年时，我国制造业大国地位更加巩固，综合实力进入世界制造强国前列。同时，该法规指出要加强标准体系建设，在智能制造等重点领域开展综合标准化工作。并且提出成立国家制造强国建设领导小组，领导智能制造工作。自此，有关工业互联网的政策法规逐步出台，有关保障工业互联网安全的条款日益增多。《国务院关于深化“互联网＋先进制造业”发展工业互联网的指导意见》是首个专门针对工业互联网领域的政策文件，正式提出工业互联网产业体系，阐明工业互联网的体系架构、层次等级，还着重提出要保障工业互联网数据安全。针对工业互联网的安全方向，确立了一系列政策文件加以规定。大多数政策法规都提出要加强工业互联网综合标准体系的建设，完善标准是保障安全的前提。并且我国已经成立工业互联网专项工作组，统筹协调工业互联网发展的全局性工作。另外，《国务院关于积极推进“互联网＋”行动的指导意见》《关于深化制造业与互联网融合发展的指导意见》等文件提出要针对“互联网＋”加强法律法规建设，可以用法律的强制力来保障工业互联网安全。《加强工业互联网安全工作的指导意见》《信息化和工业化融合发展规划（2016—2020）》《工业控制系统信息安全行动计划（2018—2020年）》等文件指出，要健全安全管理制度，完善安全监管体系，落实监督管理责任。围绕工业互联网安全监督检查、风险评估、数据保护、信息共享和通报、应急处置等方面建立健全安全管理制度和工作机制。《工业互联网平台建设及推广指南》文件指出，要强化企业平台安全主体责任，引导平台强化安全防护意识，提升漏洞发现能力。《关键信息基础设施安全保护条例》已于2021年4月27日通过，自2021年9月1日起施行，旨在通过配套立法进一步明确关键信息基础设施安全保护的具体要求，保障国家关键信息基础设施安全。

面对制造产业转移、科技领域竞争等复杂的国际形势，工业互联网安全已成为影响国家安全的重要因素。各国政府积极制定实施一系列战略政策及相关标准，努力发挥工业产业的主导地位，抢占工业互联网安全产业高地。发达国家和地区积极推进工业互联网安全产业的顶层设计与应用实践，对我国落实工业互联网安全规划部署具有良好的借鉴价值。

实际上，我国已经认识到工业互联网安全问题是至关重要的，所出台的一系列政策文件中也均对该问题有所涉猎。然而，在新基建背景下，信息化与工业化深度融合，信息物理融合系统在近几年成为关注热点，其将信息世界与物理世界紧密耦合，并广泛应用于工业互联网中。以 CPS 为核心的工业互联网安全风险具有风险链特征，牵一发而动全身，然而近几年有关工业互联网的政策文件中并未提及 CPS，以 CPS 为核心的工业互联网安全风险亟须防控。其次，数字时代下，政策文件中并未积极体现数据要素在保障工业互联网安全方面的作用，在应对风险时，可引进数据要素加强环境治理。最后，各项政策法规中对有关工业互联网风险防控的措施规定得并不详细，只是大致指明方向，详细措施还需探索。

我国应该充分发挥集中力量办大事的机制优势，合力发展工业互联网安全产业。应积极完善适应工业互联网安全发展的政策体系，并解决网络与工业领域融合所面临的制度瓶颈，在创新思维下为工业互联网营造良好的发展环境；统筹协调各类资源，促进不同行业领域、企业产业间的均衡发展；形成防风险、兜底线的安全监管体系，完善负面清单、责任清单、权力清单，推动形成有利于工业互联网发展的包容性监管环境；提升工业企业的安全防护意识，实现工业互联网安全联防联控。

4.5.2 确立基于 CPS 安全先行的全面风险管理理念

应对以 CPS 为核心的工业互联网安全风险时，应确立基于 CPS 安全先行的全面风险管理理念。全面风险管理是指围绕总体经营目标，在各个环节和经营过程中执行风险管理的基本流程，进而培育良好的风险管理文化，建立健全全面风险管理体系，实现风险管理。自 1992 年管理学教授 Kent D.Miller 提出“整合风险管理”的概念至今，在美国反舞弊性财务报告委员会发起组织（COSO）和金融监管机构的推动下，全面风险管理已然成为风险内部管理和外部监管要求中不可或缺的一部分。全面风险管理由风险管理策略、风险管理的组织职能体系、风险管理措施、风险管理信息系统和内部控制系统五个模块组成。[①] 因此，实施全面风险管理，可以适用统一的理论指导制定风险管理策略，建立风险管理组织，提出风险管理方案，开展风险管理改进，确保针对各项重大风险发生后的应急处理计划，将风险控制在与总体目标相适应并可承受的范围内。

在应对以 CPS 为核心的工业互联网安全风险中，我们应确立全面风险管理的防控理念，实现对 CPS 风险的全面防控，严防风险链的产生：加强 CPS 标准体系建设，确立监管 CPS 风险的指导方针，完善风险管理策略；推进政府与社会多方

① 崔亚：《全面风险管理的理论基础：以主体为出发点》，载《保险研究》2016 年第 9 期。

主体协同共治，明确各方的监管职能，健全风险管理的组织职能体系，其中，注重强化企业内部的风险管理能力，利用内部控制系统有效防控工业互联网风险；明确“事前＋事中＋事后”各环节监管重点，细化风险管理措施，在该过程中充分利用数据要素优化风险管理信息系统，有的放矢进行监管。

4.5.3 完善风险管理策略：持续加强CPS标准体系建设

风险管理策略是指导风险管理活动的指导方针和行动纲领。工业互联网以CPS为核心，CPS的标准制定能够推动工业互联网的安全保障工作有序进行。CPS标准应从CPS发展的核心目标出发，关注CPS的建设、应用、管理等方面，强调局部与整体相协调，实现标准与应用共同发展。CPS的标准体系应涵盖基础共性、技术标准、安全标准、管理要求以及服务规范五个层面。

在基础共性方面，首先要关注CPS的术语定义的制定。对CPS的架构，针对CPS的技术、产品等术语进行描述，明确CPS中各层面之间的关系以及各级别间的联系；制定评估和测试标准，提出CPS的质量和评价要求、测试规范等。为CPS的运营过程的安全提供参考标准。

在技术标准方面，CPS中的关键技术主要有智能感知和自动控制技术、网络通信技术、边缘计算以及工业大数据技术等。因此，在制定技术标准时，需要关注工业数据的采集、存储、处理及工业大数据管理的技术标准；制定传感器及执行器应用标准；指导CPS的边缘计算技术、感知及存储标准，进行边缘数据规范，解决数据优化方面的问题；规范与平台互联有关的通信传输技术、对网络接口和协议进行标准制定，统一协议兼容标准。

在安全标准方面，CPS安全对国家经济、人民生活都会产生巨大影响，因此，必须要制定一些CPS安全的相关标准。在CPS的物理层，主要关注CPS的设备安全，规范CPS的设备、产品等在研发、生产及运行中的安全标准；在数据传输层，需要制定数据安全方面的标准，规范数据的传输、存储和处理，还要制定有关的网络安全标准，包括协议安全，安全监测等；在CPS的应用层，应提出有关的产品服务安全标准，避免发生重大危险。

在管理要求方面，应该结合CPS各层级相互协调、工业大数据的运营以及信息与物理紧密结合的特点，提出CPS各层级的运行安全管理、数据安全管理以及工业系统安全管理的相关标准，形成科学合理的CPS标准体系，指导CPS的广泛开展。

在服务规范方面，工业互联网是CPS的应用，CPS应用在现实生活中的许多行业，比如电力能源、汽车交通、航空航天和工业制造等领域，服务规范必不可少。针对协同设计或协同制造的场景，要制定建模仿真规范，完善协同制造标准，规范数据资源、软件资源等资源共享标准。CPS会涉及个性定制服务，针对不同的客户会产生不同的方案，因此，应提出个性化定制应用标准，对于不同的行业、客户、应用场景，需要制定不同的设计规范。

通过制定 CPS 标准体系，以标准化为抓手，为工业互联网营造良好的产业生态环境，防范工业互联网危险的产生，有利于形成整体协调、科学合理的工业互联网系统，带动工业互联网的技术、应用、服务等全价值链共同发展。

4.5.4 健全风险管理的组织职能体系：推进政府与社会多方主体协同共治

风险管理组织是风险管理的具体实施者，通过合理的组织结构设计和职能安排，可以有效管理和控制风险。为防止基于 CPS 的工业互联网风险的产生，在对工业互联网进行合理监管的同时要重点关注对 CPS 的监管，保障工业互联网安全。国家应该确定政府与社会多方参与的监管模式，引入更多的风险管理主体，实现内部控制与外部监管的多重效能，健全风险管理的组织职能体系，推进协同共治。

政府层面，在对工业互联网安全进行行政监管时，可实现以下监管模式。

（1）实现全面综合监管与分领域重点监管相结合。工业互联网以 CPS 为核心，在普遍监管的前提之下，要针对 CPS 重点治理，实行特殊举措：如在以 CPS 为核心的智能电网、智能医疗器械、无人汽车等领域中，采取非同一般的检验和评估标准，加大抽查频率。

（2）对 CPS 进行监管时实施法律与技术二元分类监管模式。CPS 的复杂性体现在其技术的多样性上，CPS 涉及工业以太网、智能感知、大数据、云计算、现场总线、嵌入式技术、网络安全等多种专业技术，因此若让一般的政府部门进行监管，极有可能因为缺乏专业技术人才以及行业经验而大大降低监管效率。负责监管 CPS 的政府专业部门中应该既有熟知 CPS 的专业人员，又有法律人士，CPS 中的技术问题由政府部门中的专业技术人员负责，而在 CPS 运行过程中所涉及的法律问题则由部门中法律人士协调解决。

（3）我国已于 2018 年设立工业互联网专项工作组，主要负责统筹协调工业互联网发展的全局性工作，指导各地区、各部门开展工作，协调跨地区、跨部门重要事项，加强对重要事项落实情况的监督检查。各地工业互联网发展状况大相径庭，所遇到的工业互联网安全问题也各不相同，中央专项工作组主要服务于工业互联网重要事项，无法全面掌握各地工业互联网安全问题。针对此专项组可定期统一组织经验交流会及干部培训，各地方可积极提出本地工业互联网的特色发展状况及解决工业互联网安全问题的特色经验，加强中央与地方、地方与地方的信息交流，提升各地解决问题的能力，为工业互联网安全问题的解决对策、预防措施提供依据。

(4) 加强政府与企业的联动对接。构建公共服务平台,政府可借用该平台征集企业运行过程中遭遇的工业互联网问题,了解企业需求,提供专家咨询和针对性解决方案。

行业自律层面,政府在对工业互联网进行宏观监管时无法及时发现和解决CPS运行过程中产生的问题,其措施极有可能具有滞后性。为实现高效监管,应同时鼓励CPS行业协会强化自律监管,完善行业自律规则,进而建立起一套完善的行业自律制度及准则,对CPS攻击行为产生预警,进行社会规范与引导,为政府工业互联网监管部门提供专业性报告,协助行政机关实现有效监管。

企业层面也应该设立专门的工业互联网安全管理部门,监督企业中工业互联网安全相关工作,强化内部控制系统。该部门要结合企业自身的生产管理特点以及发展需求,对工业互联网平台进行技术搭建,减少技术漏洞;日常检查企业中的工业互联网应用安全情况,及时识别安全风险,防止企业数据信息的泄漏,优化工业互联网的运行环境;收集并分析工业互联网平台中的异常信息,主动采取内部风险预防措施,尤其关注CPS风险,综合评估CPS产品的质量安全,在产品源头上做好风险防控。

4.5.5 细化风险管理措施:明确“事前+事中+事后”各环节监管重点

在监管过程中,监管主体应明确事前、事中、事后监管的重点所在,有的放矢地进行监管,提高监管效率。

1. 事前重视数据要素预警库建设

随着数字经济时代的发展,数据要素成为重要资源,并具有很高的流动性,只有有效利用数据要素才能提高产业效率,优化风险管理信息系统。中共中央、国务院印发了《关于构建更加完善的要素市场化配置体制机制的意见》,首次将数据与劳动力、技术、资本、土地等传统要素并列为要素之一。新基建建设亦涉及数据要素的有效利用和发展问题,这就需要推动新基建数据要素与其他行业的融合,实现数据应用,发展行业数字化。工业互联网是新基建的重要战场,将数据要素融入工业互联网中能够高效监管以CPS为核心的工业互联网风险。

首先,政府、行业协会跟企业要注重收集数据来分别构建工业互联网数据中心,以点带面,搭建完备的数据库,形成数据分析—协同—应用的数据要素预警库。建立数据要素预警库以规范工业互联网风险评价体系为基础,在该评价体系中尤其要重视CPS风险评价体系的设计,即将工业互联网风险评价体系输入预警库中,预警库从而可以自动评审以CPS为核心的工业互联网风险,既提高了评审效率,又保证了评审的准确性。其次,在数据要素预警库中通过调整相关参数对数据进行分析处理,设计出不同等级的预警与报警红线,若发现CPS风险可根据情况将其确认为较高等级隐患。再次,实施分级预警,如果某个监控危险点出现隐患预警，该隐患就会被列入处理清单中，如果企业没有及时处理，那监控平台就会将预警信息报告给上级监控平台，直到隐患被处理为止，这有助于监管主体掌握隐患的处理情况。最后，设定与数据要素预警库相连的监管APP，使政府、行业协会及企业能够实现实时监控，及时发现问题、处理问题。对以CPS为核心的工业互联网风险的监管要避免“一刀切”，建立数据要素预警库就是采用了创新型的监管模式，利用风险管理信息系统对CPS风险进行有效控制，防止工业互联网风险的产生。

2. 事中重视风险检测与数据治理

首先，应坚持对工业互联网产品进行风险评估与抽查检测，建立起长期的测评制度，尤其要加强对CPS产品的风险监管，因为CPS潜在风险是难以预见的，某些产品可能通过了市场准入标准，但在后期也极容易暴露风险。此外，在CPS运行过程中，攻击者可能通过破坏数据、窃听信息、捕获节点、恶意代码、非授权访问等攻击行为来破坏CPS系统，产生风险，形成风险链。因此，监管部门应以定期检查与不定期抽查相结合的措施来监管市场流通活动，持续进行风险评估与抽查；对工业互联网的运行进行跟踪记录，加强对节点的管理与保护从而遏制攻击行为；建立起CPS安全检查与评估常态化工作机制，及时发现工业互联网平台安全问题。

其次，大数据是工业互联网的重要资产，它承载着企业和国家的重要信息，工业互联网中的数据安全更为重要。在CPS的数据传输层，攻击者常常通过拒绝服务攻击、选择性转发、方向误导攻击等方式破坏数据完整性，影响工业互联网中的大数据传输。在CPS应用层，一旦数据库被攻击者攻陷，便会导致用户隐私被泄露。监管主体应加强工业互联网中的数据治理措施，完善数据治理机制：对数据进行差异性保存和差异性加密，将平台里的通用数据和重要数据放到不同位置，对其采取不同的加密措施，对通用数据可采取专用加密方法，而对重要数据则采取非对称加密的方式，发送者和传输者需要采取不同的密钥技术加密或解密，大大降低安全隐患，对数据进行分散性存储与加密，能够提高数据安全性与实用性；另外，工业互联网中的数据过于分散，可采用“联邦学习”技术共建平台来打破“数据孤岛”，该种分布式机器学习技术通过在加密机制下进行参数交换来共建一个虚拟模型，实现信息流通的同时，保证各企业自有工业数据不出本地。因为数据本身并不移动，在将数据资源融合到一起之时不会导致隐私泄露问题。完善数据治理机制，既有利于共享工业互联网信息，又有利于提升数据治理质量。通过加强风险检测与数据治理，有力维护工业互联网安全，减少风险发生。

3. 事后重视市场退出机制建立和应急处置机制完善

鉴于以CPS为核心的工业互联网安全风险的不可逆性，应当建立完备的市场退出机制来确保危险不会发生。CPS 应用在电力、无人机、医疗设施、工业制造、机器人等方方面面，市场上有众多 CPS 产品。针对工业互联网中 CPS 产品的特点与性能，可由专门部门在其退出市场时分类登记，并且在其退出市场后规定一定的时间周期来进行跟踪监管，确保其没有潜在危险性。

另外，应注重完善应急处理机制，当危险确已发生时及时处置，将损害降到最低。如图 4-3 所示，当危险发生时首先寻找风险点来实现风险有效控制，及时发动应急响应，同时收集攻击证据，从证据中分析攻击因素及攻击关联性，利用调查结果进行事后追责，预防同类风险发生。实现实时收集证据，能够保证证据完整性，从而更具针对性地提出同类危险解决措施。

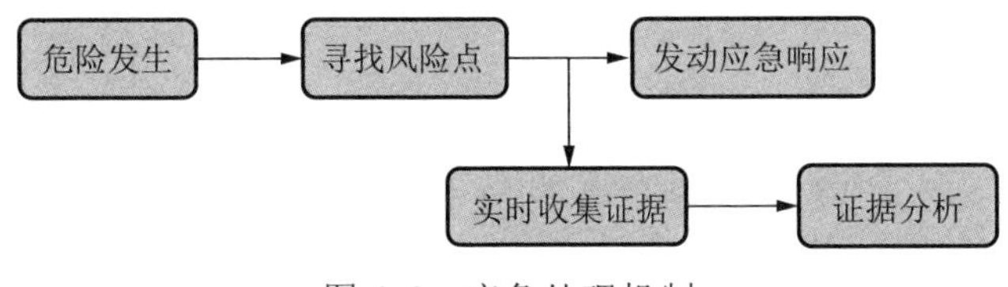

图 4-3　应急处理机制

多主体要共同提升应急处置能力。提高企业、地方和国家的应急协同意识，统筹工业互联网在不同环境状态下可能出现的安全问题，确定应急处理工作的安排程序，加强合作，定期开展应急处置演练，从而提高技术水平与保障能力。

第5章

网络游戏主播“跳槽”违约赔偿治理

游戏主播的肆意“跳槽”会导致平台流量流失，平台提出“高额违约金”诉求，对游戏主播“跳槽”违约赔偿金额如何妥善认定迫切需要明晰。采用扎根理论研究方法，借助Nvivo12研究工具，对认定因素层层编码。梳理了“主播个体差异”“合作酬金”“直播平台投入”“违约程度”“服务期限”“可得利益”六大考量因素。构建“完全赔偿原则”为最终判赔额提供司法认定理论支撑。适用以“原平台－主播－目标平台”三大主体为核心的模式，借助AHP价值评估法评估“用户价值”，作为平台方证明损失的依据，考虑整体估值的降低、可得利益的损失。从利益平衡理论出发，尊重当事人意思自治，综合考量行业特殊性、当事人之间的法律关系以及违约程度等因素，融合考量因素推演最终判赔额。以主播与目标平台的合作酬金为计算基准，体现主播自身价值，明确主播酬金发放标准以制约平台违约，在综合考虑实际损失与可得利益中探索因素矫正思路。

5.1 问题的提出

5.1.1 网络游戏主播“跳槽”行为发生的背景

2015—2019年属于游戏直播行业发展的爆发期，史上最严直播监管令发布，游戏直播平台从PC端延伸至移动端。2019年网络游戏直播迎来行业洗牌，头部直播平台规模持续扩大，熊猫直播平台倒闭，马太效应凸显等。[①]游戏直播行业的快速发展给直播平台及主播带来巨大经济利益的同时，平台之间的利益博弈也引

① 艾媒咨询报告：《2019Q1中国在线直播行业研究报告“2019年在线直播用户规模预计突破5亿，‘直播＋电商’模式展现成效”》，第3页。

发市场主体之间的竞争，直播平台之间经常会采用高薪诱惑的方式吸引主播跳槽至自家平台，破坏其他平台与主播之间的合作关系，打压竞争者的同时增强自身的竞争力。在分析有关案例后，首先在时间与主体两大维度对主播“跳槽”类案件予以梳理。在时间维度上，剔除“著作权侵权”以及“不正当竞争”的类型案件后，保留2016年至2020年主播“跳槽”违约类案件，从案件数量变化年度趋势来看，如图5-1所示，2018年处于爆发期，之后处于相对平稳的状态，但整体上该类型案件发生量仍居高不下。

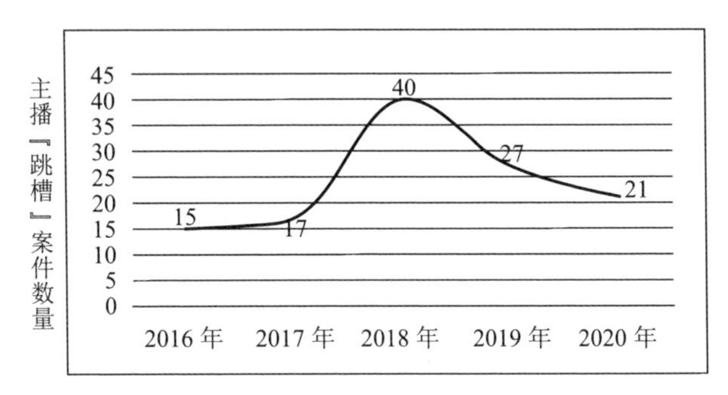

图5-1 2016年至2020年网络游戏主播“跳槽”案件数量年度变化趋势

从主体维度来看，原告主体主要集中在斗鱼、虎牙、触手、熊猫这几大直播平台。其中，斗鱼直播平台游戏主播“跳槽”合同纠纷案件最多，约占36%，与网络游戏直播行业中“头部直播平台”的用户排名基本一致，如图5-2所示。

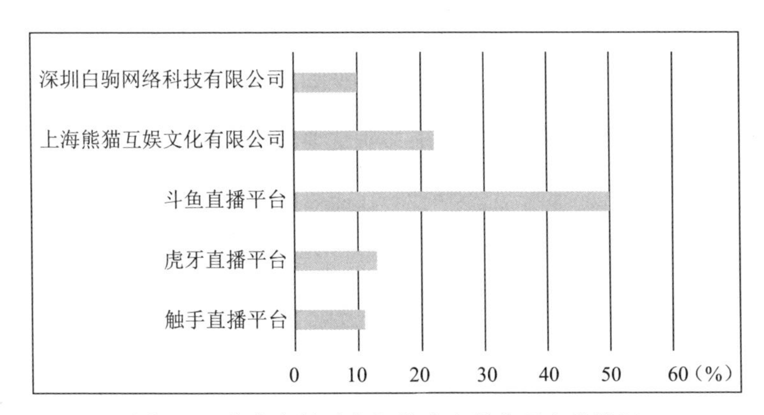

图5-2 游戏直播平台与游戏直播公司占比情况

5.1.2 新业态催生的商业模式冲击传统司法实践规则

在传统行业发展背景下，出现员工“跳槽”案件时，司法实践中原告即原公司多以“侵犯商业秘密”为由诉诸法庭，例如玉田县某公司与唐山某公司侵害商业秘密纠纷案中[河北省高级人民法院(2016)冀民终689号]，法院确定争议焦点以“商业秘密”为核心，围绕相关材料是否属于商业秘密，以及被告行为是否构成是侵犯商业秘密的行为，从而认定侵权责任。[①] 另一类型则是针对“竞业禁止”这一事由，如杜某某与迪瑞公司合同纠纷案中[吉林省长春市中级人民法院(2017)吉 01 民终 4705 号]，法院依据双方签订的《劳动合同补充协议(竞业限制协议)》最终认定被告违反了双方的竞业限制约定。[②] 由于传统企业中，部分员工对企业的经营状况以及技术创新等了如指掌，若出现员工“跳槽”行为，员工也多选择与原公司业务相近的目标公司，同时由于专业便利与业务需要，当掌握原有商业秘密时，往往会用原企业的商业秘密为目标企业服务，从而损害原企业的利益。为防止该情况的出现，企业在与员工签订合同时会附有竞业限制的条款或附加单独的竞业限制协议，从而达到保护企业利益的目的。因而，法院在审理传统行业员工“跳槽”行为时，基于员工与企业的劳动合同，对侵犯商业秘密或违反竞业限制协议的内容予以认定。

传统行业中员工与企业之间法律关系较为明晰，而对于网络直播行业而言，其与传统行业具有显著不同。首先，游戏主播“跳槽”行为发生后，原游戏直播平台更为关注游戏主播违约赔偿金额的认定。原因在于，游戏主播为直播平台带来的收益很可观，直播平台为了避免主播跳槽而造成本平台的巨额损失，通常在协议中约定高额的违约金。“韦神案”[③]——全国主播跳槽类案件最高额违约金 8522 万元，高额违约金成为的认定案件的焦点所在，在游戏直播行业以及学界引发高度的关注与讨论。网络直播行业奉行“用户为王”“流量为王”，用户与流量这两个关键要素是互联网企业得以生存的核心，是其发展的命脉所在。企业只有通过不断地吸引用户，才能为企业带来收益。进一步而言，主播是企业之间进行竞争的核心资源，有一定人气、粉丝量的主播更是炙手可热。显而易见，除了观看直播的观众通过打赏的方式给主播带来直接收益之外，还包括主播人气、知名度的提升，以及平台点击率、发布的商业广告等其他回馈。

针对网络游戏主播“跳槽”案件进行梳理后发现，在网络游戏主播“跳槽”案件中同样存在竞业禁止合同纠纷。如戴士与华多公司的纠纷案[广州市天河区人民法院(2014)穗天法民二初字第 4713 号]，法院基于双方在合同中约定的“戴士未经原平台公司同意，不得在与原平台有竞争关系的平台直播，否则构成根本性违约”这一内容，支持了华多公司的诉讼请求。[④] 从近几年该类案件的判决中，平台基于游戏主播的“用户黏性”，更希望主播可以继续履行原有协议，如曹悦与广

① 参见河北省高级人民法院(2016)冀民终 689 号民事判决书。

② 参见吉林省长春市中级人民法院(2017)吉 01 民终 4705 号民事判决书。

③ 参见湖北省高级人民法院(2019)鄂民初 32 号民事判决书。

④ 参见广州市天河区人民法院(2014)穗天法民二初字第 4713 号民事判决书。

州斗鱼网络科技有限公司合同纠纷中［湖北省武汉市中级人民法院(2018)鄂 01 民终 5250 号］，原告斗鱼公司提出的其中一项诉讼请求即为“曹悦继续履行与广州斗鱼公司签订的合作协议”，但是由于主播已离开原平台，并与目标平台建立合作关系，原有合作协议在客观上无法履行，法院由此认定合作协议终止，对原平台请求主播继续履行的诉求不予支持。[①]

由于在网络游戏直播行业中，游戏主播不像传统行业的员工一样需要基于业务需求接触企业的商业秘密，在出现主播“跳槽”行为时，原平台无法基于“侵犯商业秘密”这一缘由诉请法院，同时主播“跳槽”行为一般与主播与目标平台合作协议签订处于同一时间范畴，原有协议也就无法继续履行。因而，考虑到网络游戏直播行业自身发展特性，在司法实践中，无法简单适用处理传统行业中员工“跳槽”的裁判方式予以认定，游戏直播平台也就将“损失最小化”这一诉求寄托于法院对游戏主播“跳槽”违约赔偿金额的认定中。

通过对比司法实践，法院对传统行业与网络游戏直播行业中“跳槽”行为所涉及的两个方面的典型问题，不难看出两者在不同的商业模式背景下对行为的认定存在差异。从而应当思考就网络游戏直播行业这一新业态而言，所产生的新问题应当如何解决，尤其是当前对网络游戏主播“跳槽”高额违约金的认定是否恰当。对该问题的思考不应单独就游戏主播与平台的合同进行片面解读，而是需要从对新业态包容审慎的角度予以考量。一方面，不宜完全脱离当前司法实践予以全面重构，毕竟网络游戏直播行业与传统行业存在一定关联性，尤其是当前对游戏主播与平台之间法律关系的讨论尚未形成定论，对这一问题需要做出妥善分析。另一方面，这一新兴商业模式下，“流量变现”的盈利模式与传统行业存在较大差异，用户在游戏直播行业中具有重要地位，如图 5-3 所示。

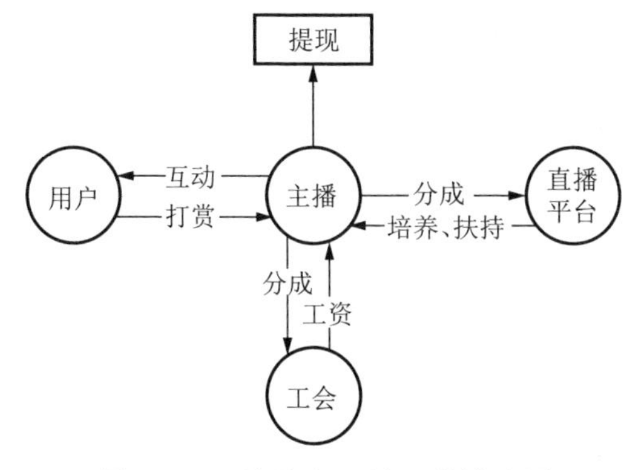

图 5-3　网络游戏主播盈利模式图

在游戏直播行业中，游戏直播平台的本质是一个视频中介，连接游戏主播与

① 参见湖北省武汉市中级人民法院(2018)鄂 01 民终 5250 号民事判决书。

用户，在实现“流量变现”的同时获得与游戏主播分成的打赏收入。[①] 由此可知稳定的流量是其获取利润的主要渠道，“用户黏性”这一内容在认定网络游戏主播“跳槽”违约判赔额中应如何考量也需要做出回应。基于此，本文通过对有关判决的梳理，探究网络直播行业的特有商业模式，明晰主体之间法律关系与行为方式，以期总结出游戏主播跳槽类案件赔偿金额司法认定的模式。

5.1.3 基于“完全赔偿原则”的网络游戏主播“跳槽”违约赔偿认定的提出

损害赔偿范围的确定存在若干限制性制度与规则，如可预见性规则，因此有学者对完全赔偿原则提出质疑，即损害并不能得到“完全赔偿”。[②] 事实上，完全赔偿原则并不排斥对损害赔偿范围的限制，该原则为损害赔偿提供理论支撑，也使得引入该原则作为网络游戏主播“跳槽”违约赔偿认定理论依据具备合理性。[③] 在价值判断方面，“差额假说”作为对损害概念的界定，便是以完全赔偿原则为基础。“差额假说”立足于损失大小的计量，自身具有刚性特点，完全赔偿原则对其进行纠偏，为有争议的违约损害赔偿问题提供价值基础。[④] 在体系建构上，该原则与违约损害赔偿的根本性目的相契合，实现赔偿权利人与赔偿义务人之间的利益平衡，同时督促人们尽到注意义务。[⑤] 主要包含三个核心要件：一是违约损害赔偿与损害相匹配；二是违约损害赔偿中单方获利之禁止；三是违约损害赔偿中惩罚性赔偿之限用。从反向来看，该原则在适用违约责任时存在限制规则，从而使该原则适用更趋于合理。完全赔偿原则对违约损害赔偿范围的考量，不局限于违约方责任财产和违约过错大小。[⑥] 对守约方而言包含正反两方面效力，正面效力为合同履行后的可获利益，反面效力则是要求损失赔偿额应相当于违约造成的损失。

新业态催生的游戏直播这一商业模式冲击传统司法实践规则，而完全赔偿原则这一理论架构为最终游戏主播“跳槽”违约赔偿金额的认定因素的矫正提供支

① 张小雨：《从社会交换理论角度浅谈游戏直播——以斗鱼直播为例》，载《新闻传播》2018年第1期。

② 郑晓剑：《侵权损害完全赔偿原则之检讨》，载《法学》2017年第12期。

③ 徐建刚：《论损害赔偿中完全赔偿原则的实质及其必要性》，载《华东政法大学学报》2019年第4期。

④ 徐建刚：《论损害赔偿中完全赔偿原则的实质及其必要性》，载《华东政法大学学报》2019年第4期。

⑤ 刘宇晗：《我国民法典合同编中完全赔偿原则之证成》，载《西部法学评论》2019年第3期；周友军：《我国侵权法上完全赔偿原则的证立与实现》，载《环球法律评论》2015年第2期。

⑥ 姚明斌：《〈合同法〉第113条第1款（违约损害的赔偿范围）评注》，载《法学家》2020年第3期。

撑。在这一视阈下，聚焦积极损失赔偿与可得利益损失赔偿这两大主要赔偿范围，从而实现“跳槽”游戏主播与游戏直播平台之间的利益平衡，同时明确游戏主播的赔偿责任。具体而言，积极损失赔偿是实际的财产损失，理论上对其纳入违约损害赔偿考量范围的是游戏主播这一特殊主体，主体间存在争议的法律关系、合同性质等问题，需要在梳理案例后对其进行明确，从而在合同约定基础上给予最终判赔额更为合理的因素考量建议。

在理论架构与内容契合上，完全赔偿原则恰当地提供了网络游戏主播“跳槽”违约赔偿金额认定因素的判断思路，在实际损失层面着眼于双方合同约定，尊重当事人意思自治与行业竞争模式；在可得利益层面要求对司法实践中一语带过的可得利益损失进行深入分析，结合行业特色使其具有可计算性。

5.2 网络游戏主播“跳槽”违约赔偿金额认定的特殊性

在对相关因素进行考量之前，首先需要明确有关概念。网络直播类型多样，大致可分为游戏直播、秀场直播以及泛娱乐直播等类型，本书所讨论的则是网络游戏直播这一类别，重点在于游戏主播这一主体。网络游戏直播作为网络直播的表现形式之一——游戏主播，是以网络游戏直播平台为媒介，向观众展示游戏操作画面，同时可与观众实时互动的活动模式。[①]既体现网络直播活动的共性，又具有其特性，即直播画面与主播讲解的结合。网络游戏主播这一主体，特指与网络游戏直播平台签订直播协议，并在指定直播平台上进行直播活动的主体。目前的市场环境下，直播平台为了打造人气主播，通常会斥巨资为主播进行包装宣传，通过获取观众流量以及一系列的广告收入进行盈利。

探讨游戏直播行业的天价违约金合理与否以及如何认定计算，首先需要从游戏直播行业的特性出发，细述其商业模式、协议属性、合同效力认定这三个方面。

5.2.1 网络游戏直播行业特殊的商业模式

商业模式是管理学中很重要的概念，用以阐明特定实体的商业逻辑。[②]对于网络直播相关的新型案件，要对新型商业模式有新的认知，不应局限于传统商事案件的思维。大主播的商业价值、对违约金的承受能力，远远高于一般行业，约定的违约金与其收益相比，并不一定就过高。互联网行业中，商业模式较传统行业

① 李爱年、秦赞谨：《网络游戏直播监管困境的法律出路》，载《中南大学学报（社会科学版）》2019年第5期。

② 谭珅、李静文、齐林：《中国商业模式研究热点、演化与阶段特征研究——基于文献计量和社会网络分析的方法》，载《科技和产业》2020年第4期。

有着很明显的区别。

首先，最显著的一点就是流量对一个互联网企业的重要性，正如诸多网络游戏主播“跳槽”的判决书中，法官经常会提到：互联网企业，以“用户为王”“流量为王”，这是其与传统企业显著不同的特点。互联网企业主要依靠提升访问量来扩大自身的市场份额，通过流量变现实现盈利。

其次，主播在网络直播平台中占据重要地位。数据显示，50%以上的观众用户持续使用同一平台的原因在于主播本身，主播对观众的“吸附效应”成为直播平台留住用户的关键，这也彰显出主播价值在平台竞争中的优势。[①] 传统行业的竞争可能主要是产品竞争，自己产品的优良与否会影响企业市场竞争力的大小，而具体到网络直播行业或者细化到网络游戏直播行业，网络直播平台具有对主播依赖性较强且行业竞争激烈的特点。主播不仅是直播平台的核心业务资源，也是核心竞争力，知名主播的影响力更是巨大的。从某种程度上，主播更像是传统行业中“产品”，在企业竞争中占据举足轻重的地位，观众与主播的关联性很强，直播平台主要依靠主播吸引人气获取流量。从产业链形态来看，主播承担“内容参与”的角色，以平台为中间介质，直接与用户相关联，实现“内容传递”。

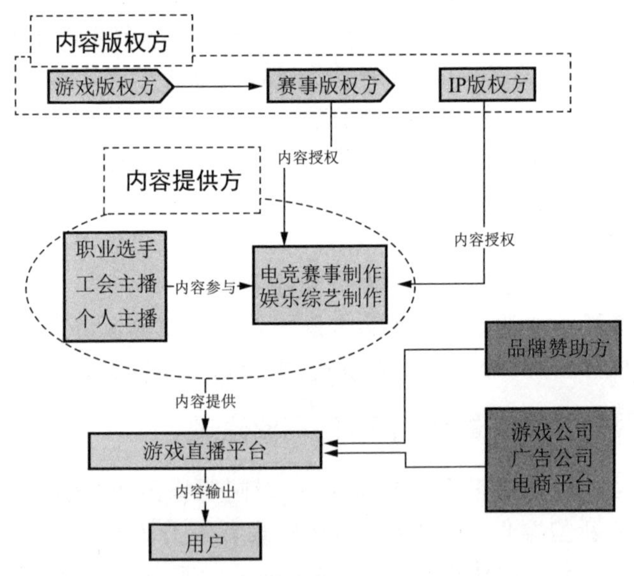

图 5-4 网络游戏直播行业产业链

再次，网络直播行业前期投入成本相对较高，预期收益空间很大。直播平台签约一名新主播，通常要投入巨额资金，为其提供推广、宣传、宽带资源等，游戏主播的商业价值与直播平台的宣传运作以及技术上的支持密切相关，网络直播行业

① 艾媒咨询：《2019Q1 中国在线直播行业研究报告》，第 3 页。

作为新兴行业，未来收益的可期待性使其具有较高的市场估值。

5.2.2 主播与平台公司合同具备网络服务合同的特殊属性

游戏直播行业与传统行业有所不同，一方面就体现在法律主体之间的关系上。事实上，在实践中纠纷不断的三方主体存在于主播、平台与经纪公司之间。在案例的审判过程中，也存在法律关系的明晰，主播在面临高额违约金的主张时，往往抗辩签订的是劳动合同而非服务合同，这一抗辩如果得以采纳，那么即可援引《劳动合同法》的相关法律规定，进一步使自己摆脱高额违约金的主张。在检索到的判决书中，往往公开部分协议内容，难以窥探全文，但从其所给资料中不难发现，主播与平台之间的合约多冠之以“合作协议”，针对主播的义务主要包括：主播提供独家、专门游戏内容的解说服务，保障有效直播时长（在有一定观看人数的基础下的直播时长），并要求积极配合平台安排的商务宣传活动。相对而言，直播平台的义务内容较少，主要包括基础合作费用与游戏礼物分成的按时支付，为主播直播提供带宽与技术支持，对于知名度、人气较高的主播，还会特别约定平台需要对主播进行一定规模的商务推广或其他宣传、推广活动，比如在江海涛、韦朕的案件中，作为高知名度主播其协议内容会更为具体广泛。

游戏网红主播的营收能力大部分远高于传统行业人才，在当前娱乐直播规模日益庞大的背景下，游戏主播带来的行业流量对于直播平台的发展可见一斑。“跳槽”原本是劳动者的权利，之所以在游戏直播行业中主播的跳槽会面临高额违约金，恰恰是因为这一行业的特殊性使得主播无法直接适用《劳动合同法》主张自己的权利并加以抗辩。通过对比斗鱼、虎牙、熊猫等几大直播平台与主播所签署的协议，其类型大致包括：“直播合作协议”、“游戏解说合作协议”（以下简称《协议》）、“游戏解说特别委托协议”“游戏主播独家合作协议”“游戏解说服务协议”等。多数裁判文书将主播与平台签署的协议定性为“合作协议”，部分文书定性为“委托合同”“经纪代理协议”等。①

在考虑有关游戏主播跳槽的案件中，不能局限于劳动法领域。当游戏直播平台与主播签订《游戏解说委托协议》时，无论是在协议外观还是协议具体权利义务的规定上，都不难看出双方目的在于游戏直播平台设置委托事项，即委托游戏主播在指定的游戏在线平台进行游戏解说。进一步言之，本书讨论的游戏解说系属网络新兴事物，有别于传统的民事委托行为，此类合同可以明确体现双方的真实意思，认定为网络服务合同更妥善，且符合当事人意思自治。②

① 广州仲裁委：《网红主播跳槽违约赔偿标准确立的仲裁思路》，https://m.sohu.com/a/251750580_740841/，2021年3月25日访问。

② 徐帅：《网络主播合约性质判断及违约金的认定》，http://blog.sina.com.cn/s/blog_621583480102x8im.html，2021年3月25日访问。

正本清源，对后续纠纷妥善处理的前提应当是理顺游戏主播与直播平台之间的法律关系，对合同性质予以明晰，方能准确判定当事人的权利、义务。在案例梳理阶段，将合同纠纷这一案由进行细化，其下主要分为委托合同、经纪代理合同、网络服务合同与劳动合同等。合同约定的直播平台与主播之间的权利义务内容不尽相同，由此对其合同性质的界定也应有所区分，应从双方权利义务关系更为符合何种合同的实际特征出发进行判断。[①]

1. 新业态视阈下主播与平台的关系难以契合劳动关系从属性理论

游戏直播行业中游戏主播与平台的关系与传统行业中劳动者与用人单位关系之间的不同，主要在于确认传统劳动关系基于从属性的理论。在互联网用工模式下，或许是对传统劳动法确认的劳动关系的突破，上海市第一中级人民法院在 2019 年一起案例中维持了上海市浦东新区法院的判决。[②] 值得注意的是一审法院在司法认定的过程中，对理论上劳动关系的认定进一步明晰，一审法院认为，依据《关于确立劳动关系有关事项的通知》，应从内外两个层面结合判断劳动者与用人单位之间是否属于劳动关系。从内部视角出发，用人单位向劳动者支付一定劳动报酬，从而获取劳动者相应劳动力的支配、使用权利，相应的劳动者出让劳动力支配与使用权给用人单位，以获取劳动报酬。尽管双方均符合法律规定的建立劳动关系的主体资格，但由于双方并不存在明显的人身从属性，也未表现出建立劳动关系的合意，因而无法认定双方之间存在劳动关系。从外部视角出发，依据用人单位所制定的用人规章，劳动关系应当是具有紧密人身与财产从属性的关系，劳动者应受到用人单位规章制度的约束，并被纳入用人单位生产组织体系之中。从这两个层面结合来看，对是否属于劳动关系予以综合认定更具合理性。

伴随互联网与实体经济的不断融合，新型互联网用工模式应运而生，“平台＋从业者”这一模式对传统劳动关系的认定产生冲击，传统司法理念与互联网下的司法理念碰撞，对“弱劳动关系”的研究正是基于这一背景，其符合传统劳动关系中用工者与被用工者的定位，但是不具备传统劳动关系中严格的人身从属性。对于其判断仍要从传统劳动关系的构成要件出发，“劳动管理”是核心，包含劳动状态下与非劳动状态下的管理模式。在共享经济的发展背景下，劳动者“非工作期间”的权利义务是判断是否属于劳动关系的重要指标。[③] 即区分网络游戏主播的

① 张朝晖、罗永娟：《“王者荣耀第一人”违约跳槽赔偿千万——广州某牙信息科技有限公司诉江某涛网络服务合同纠纷案》，载《法治论坛》2020 年第 2 期。

② 参见上海市浦东新区人民法院(2018)沪 0115 民初 61915 号民事判决书，上海市第一中级人民法院(2019)沪 01 民终 4135 号民事判决书。

③ 陈若谷：《“互联网＋”新业态下的弱劳动关系的认定》，载《上海法学研究》集刊 2019 年第 5 卷。

直播时间、方式与内容是否具有自主可控性，以《直播主播独家合作协议》这一合同形式为例，该形式较为常见，且一般均在其中约定主播需要直播一定时长，但相应的工作地点与直播时间可由主播自主安排。游戏直播平台出于管理的需要对主播的权利义务进行限制性规定，与游戏直播行业的管理契合。

回到本书讨论的游戏直播平台与游戏主播之间的关系，事实上，主播的抗辩基本上回避了对从属性的认定，未进行实质性的辨别，认为在形式上符合劳动关系即可。劳动法上规定的劳动关系注重对劳动者劳动成果以及劳动者本身的保护，而目前游戏直播行业乱象丛生，游戏主播不顾原平台的发展，跳槽到与其有竞争关系的平台，更加剧了对游戏直播行业秩序的破坏。此外，当平台与主播达成签订劳动合同的合意，并肯定所签合同具有劳动合同性质，应当对此种状态下双方所签协议进行实质性认定，此时主播主体身份为平台的员工。该种认定路径突破传统对与劳动关系从属性的判断，因此确有必要立足于实质内容层面对该种新业态的法律关系进行认定。

2. 界定为网络服务合同具有合理性

游戏直播平台与主播之间法律关系是适用高额违约金的一个前提性问题，在司法认定上也会存在分歧。以唐磊与广州华多的案件为例，再审申请人唐磊请求确认其在2014年12月3日与华多公司、仕丰公司签订的《虎牙直播独家合作协议》中第十条第2项约定的仲裁条款为无效条款。[①] 唐磊认为与华多网络科技有限公司的关系为劳动关系，适用劳动法的相关规定，不属于民商事仲裁的范围，而华多公司抗辩称其与唐磊间的关系属于合作关系。该案在经过广东高院再审之后，推翻原审广州中院认为二者之间属于劳动关系的观点。广州中院认为，唐磊的工作受到华多公司的管理，属于华多公司业务组成部分，双方确立了劳动关系。而广州高院认为，从双方合同中约定的内容分析，唐磊作为游戏主播向游戏直播平台提供劳动服务，双方协议具有商事交易的性质，从形式与实质上结合判断，应属于服务合同范畴，而非劳动合同。因此唐磊与华多公司之间成立的是网络服务合同关系，而不是劳动合同关系。类似的还有武雷与武汉斗鱼网络科技有限公司合同纠纷案等。[②]

马克思劳动从属资本理论表明，劳动从属性与劳动者的劳动过程控制权反向变化，明辨技术进步条件下劳动从属性强度的关键在于考察劳动过程控制权演化的特点和影响。[③] 基于劳动法律关系从属性理论，大部分游戏直播平台与主播之

---

① 参见广东省高级人民法院(2017)粤民再403号民事裁定书。

② 参见湖北省武汉市中级人民法院(2018)鄂01民终10644号民事判决书。

③ 胡磊:《平台经济下劳动过程控制权和劳动从属性的演化与制度因应》，载《经济纵横》2020年第2期。

间并不存在隶属关系，在前期梳理案例时也不难看出这一问题，当事人之间是合同关系，一般认为游戏主播不受平台公司规章制度的约束。

在游戏直播行业中，游戏直播平台与主播通常签订名为《游戏解说合作协议》的合同。协议的主要内容是平台为主播本人及其游戏解说视频、音频进行推广、宣传，以提高主播知名度；主播依照平台的要求在平台从事游戏直播活动，按照协议每月播足一定的时长并服从平台的安排，配合平台的推广、宣传活动等。平台支付给主播基础费用，主播还会享有一定比例的打赏礼物的分成以及广告、出席活动的分成等。对检索到的裁判文书进行梳理后总结可知，《协议》一般分为双方与三方协议，双方协议涉及的主体是主播与直播平台，双方主体签订协议并约定直播的时长、待遇以及违约条款等，主播在公司指定的平台进行独家直播，依据直播时长获得合作费用，加上约定的基础费用以及观众打赏的道具礼物换算的经济利益，一并结算为主播的收益；三方协议是在双方协议基础之上，加入工作室（经纪公司），由工作室指派旗下的主播到直播平台进行游戏解说，当主播违约后，按照协议由工作室与主播承担连带责任。

5.2.3 主播与平台高额违约金条款效力的特殊认定思路

游戏直播平台往往为了维护自身主播资源与高流量带来的竞争力，以对抗竞争平台“挖人”的情况，会在与主播签订的合同中约定极为严苛的违约责任，除承担基本违约责任外，还需要一次性向平台支付违约金，一般以 3 000 万为基准[①]，新主播或知名度较低的主播，在违约金约定上会有所减少。依据《中华人民共和国合同法》以及相应司法解释，违约金以赔偿为主、惩罚性为辅，当违约金过高或过低时，可在诉讼争议产生时，请求人民法院予以调整。据此，主播以此为根据进行抗辩，其中一点就在于主播与平台所签订的高额违约金条款本身的效力问题。

协议条款本身的合法性与合理性与否，关涉协议当事人权利义务的对等与否。此时，深入考察合同的性质与协议当事人的法律地位显得至关重要。就江海涛与虎牙直播平台这一案件而言[②]，约定如此高额的违约金是否具有合理性与合法性也成为主播违约跳槽司法认定的一个方面。事实上主播的抗辩也经常会围绕这一点展开，从形式上看，平台与主播签订的协议在双方权利义务的约定内容上并未体现出“对等性”，当出现合同中约定的违约情形时，主播就会面临天价索赔的困境，而能够有效抗辩的空间实际上并不大。以江海涛案件为例，协议中出现了江海涛的禁止性义务以及违约责任，以 2 400 万元或其在直播平台所获收益的 5 倍（以较高者为准）作为违约金，同时需要赔偿因其“跳槽”而给直播平台造

① 该数据经由案例梳理得出，平台与主播之间所签协议中约定的违约金额一般以 3 000 万为基准。

② 参见广东省广州市中级人民法院（2018）粤 01 民终 13951 号民事判决书。

成的全部损失。反观虎牙直播平台的履约义务仅仅是提供资源、做推广、提高知名度等，但是相应的违约责任并没有在判决书认定的事实中呈现。

从现行法律规定来看，在《中华人民共和国民法典》正式生效之前，《中华人民共和国合同法》第五十二条规定了5种合同无效的情形。如果主播想以被“欺诈、胁迫”签订合同来进行抗辩，而又不能提供相应的证据，势必要承担败诉的风险。以唐成意与虎牙之间的纠纷案件为例，唐成意主张“上述协议是虎牙公司单方起草的格式合同、制定了有利于虎牙公司而限制唐成意权益的条款、应属无效”，但法院最终认定该主张不能成立。原因在于，格式条款是当事人为了重复使用事先拟定的，且在订立合同之时并未与对方协商的条款，但在该案中该条款并非为了重复使用，而且事先与对方进行了协商，对于其是否属于格式合同应结合合同内容具体分析。涉案多份协议体现了当事双方的意志参与，是为双方本案合作具体拟定，协议内容不存在《中华人民共和国合同法》第五十二条、第五十三条规定的无效情形。协议条款对双方的权利、义务均有明确约定，约定虎牙公司向唐成意提供包装推广和宽带资源，并向唐成意支付基础合作费用和道具分成，双方权利义务未见严重失衡。①

现行《中华人民共和国民法典》第一百四十四条至第一百五十四条就无效情形做出规定，除此之外还包括格式条款、免责条款无效的情形等。法院一般依据法定无效情形，对协议的有效与否进行认定。在主播“跳槽”类案件中，双方约定的有关条款并未存在无效情形，从而肯定双方协议的有效性。司法实践中，法院多认定直播平台与主播签订的协议系属有效。而不符合传统意义上合同无效的情形，例如杨华安与广州虎牙信息科技有限公司服务合同纠纷[广东省广州市中级人民法院(2019)粤01民终3742号]，一审法院也是在当事人的民事行为能力方面进行解释进而认定协议的有效性，二审法院亦维持此主张。②

5.3　网络游戏主播“跳槽”违约赔偿金额的认定因素——基于司法审判实践的考量

经由对近5年案件的梳理，整理出司法实践中判赔额的考量因素，以体现案件本身所涉及的考量因素，即相关性问题，此为一。对主播“跳槽”违约赔偿金额认定的影响因素充分分析后，再就其因素内部的因果性进行说明，此为二。充分考量因素的相关性与内部因果性两者才能完成针对司法实践中此类案件判赔额

① 参见广东省广州市中级人民法院(2018)粤01民终21393号民事判决书。

② 参见广东省广州市中级人民法院(2019)粤01民终3742号民事判决书。

认定因素的完整梳理与界定。

5.3.1 2016—2020 年网络游戏主播“跳槽”案件梳理

在对 2016—2020 年游戏主播“跳槽”案件进行检索时，初次检索采取关键词扩大化的方式，将游戏主播类案件进行一并检索，发现此类案件中大致包含三个子方向：一是直播平台的“挖角”不正当竞争类案件；二是涉及直播画面著作权侵权类案件；三是涉及主播违约“跳槽”类案件。以上三个子分类在主体行为的维度上进行比较发现，“不正当竞争行为”主要体现在“挖角”平台一方的行为上，探讨“直播平台‘挖角’是否构成不正当竞争”这一问题；在内容维度上，对案件梳理后，对其中的内容予以整合，形成词云分布图，除“公司”作为高频词出现外，案件内容重点聚焦于“协议”“合同”“损失”“违约金”这几大方面，如图 5-5 所示。

通过对第一、二类案件的剔除，保留涉及主播违约“跳槽”的案件，针对此类案件的违约类型以及平台方就损害赔偿额诉求、最终判赔额进一步予以梳理。

图 5-5 游戏主播类案件内容词云分布图

1. 主播违约情况的类型化区分

在主播“跳槽”类案件中首先就主播违约情况予以明确。从主体层面切入，大致分为两类，一是以“主播—‘经纪公司方’（提供主播平台的一方）”两方主体为核心[①]，二是以“主播—直播平台”两方主体为核心。前一类型在主播“跳槽”类案件中占据主流，如图 5-6 所示。在发生主播“跳槽”违约时，表现为“经纪公

① 参见浙江省杭州市江干区人民法院(2019)浙 0104 民初 7208 号民事判决书。在此案件中，视琰公司作为甲方与乙方罗某签订《游戏解说独家签约协议》，约定乙方同意与甲方合作并以独家签约方式在甲方指定的游戏在线解说平台进行游戏解说。甲方将乙方推荐至杭州开迅科技有限公司运营的触手 TV 游戏在线直播平台进行游戏解说。

司方”向主播提出违约赔偿请求；在第二种类型下，直接表现为直播平台与主播签订协议，约定违约金。[①]

两种违约类型在客观上均表现为主播“跳槽”违约行为，但在双方协议约定中会有所不同，当出现“经纪公司”一方时，直播平台会在协议中就违约金条款做出补充说明，即“当主播出现违约行为，‘跳槽’至有竞争关系的平台时，责任承担方式表现为主播与‘经纪公司方’承担连带责任”，对这一协议内容，法院进行司法认定过程中也会采纳。而在后一类型中，直播平台与主播会签署补充协议，即双方的单独协议，就违约金条款进行单独说明，责任承担主体仅涵盖主播一方。

此处需要说明的是，针对这一维度上的梳理并不影响后续“考量因素”的分析，但在主体层面上确有必要对其进行充分梳理，以体现对所有影响因子的考虑。

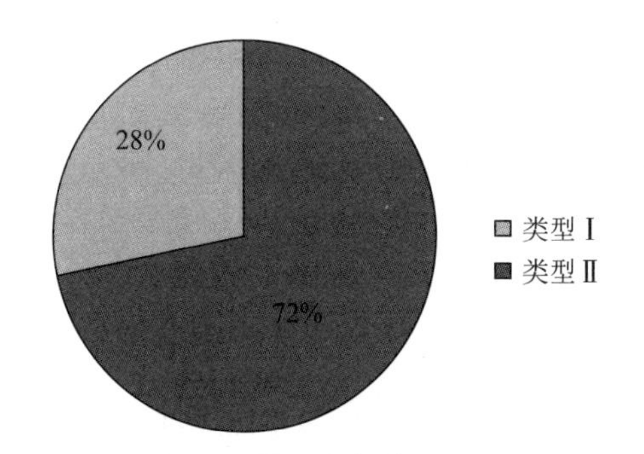

图5-6 主播“跳槽”类案件主播违约类型图

2. 争议焦点的核心把握

通过对已有案件的梳理发现，争议焦点主要集中以下四个方面（图5-7）。

（1）合同是否已解除以及解除原因。虽然主播解除合作协议的行为无效，但由于主播已到其他直播平台进行直播，基于该合同的人身属性的特征，合同客观上已无法继续履行，应依法解除。[②] 就“合同是否解除”这一问题本身，主播与平台方并无争议，关键在于合同解除的原因是双方争议的焦点。[③]

---

① 参见广东省广州市中级人民法院（2018）粤01民终21393号民事判决书。在该案中，虎牙公司、唐成意（邓宝艳在乙方唐成意一栏一并签名）签订《游戏主播独家合作协议（月付）补充协议》，对合作费用和违约责任等进行了变更约定，其中违约责任条款中的81万元变更为300万元。

② 参见湖北省武汉市中级人民法院（2018）鄂01民终10642号民事判决书。

③ 参见广东省广州市中级人民法院（2020）粤01民终4168号民事判决书。原告主张主播“跳槽”构成根本性违约；被告方主张，其“跳槽”主要是基于原告平台方未为其提供直播条件及维护主播经济利益及职业发展，利用王昊人气为其他主播进行导流，上述行为导致双方合作信任基础丧失，而且王昊停止在原告处直播，系维护自己劳动权益的方式，并不构成违约。

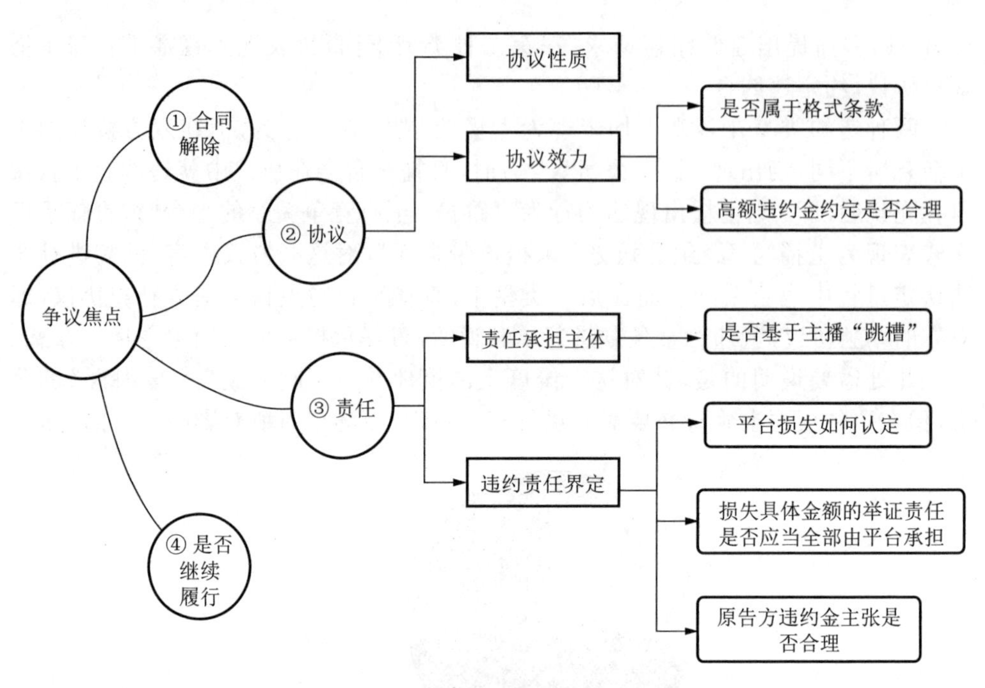

图 5-7　案件争议焦点分布梳理图

（2）协议效力判断。法院首先就协议效力予以说明，就协议效力层面，主要涵盖两方面内容，一是就违约金条款是否属于“格式条款”[①]，二是高额违约金的约定是否有效。本节第二部分就协议效力认定的特殊性方面也有所涉及，即使在协议中约定了高额违约金，一方面，从本身协议签订来看，协议内容体现双方真实意思表示；另一方面，该高额违约金是以一般公众角度进行的判断，从整个行业发展现状，结合主播自身的薪酬等方面，该高额违约金的约定是合理的。

（3）“责任方面”的问题是争议的重点。首先是责任承担主体，即违约责任的承担事由是否是基于主播“跳槽”产生，在司法实践中，被告方往往以原告方未为其提供资源等理由进行抗辩，以证明其“跳槽”行为存在正当事由；再者，违约责任的界定方面大致需要沿着平台损失应当如何认定，进一步就举证责任问题进行明确，最后落脚到原告方的违约金主张是否合理。

（4）是否继续履行是原告方提出的一项诉求，也是案件的争议焦点之一。这

① 参见广东省广州市中级人民法院（2019）粤 01 民终 5942 号民事判决书。格式条款是当事人为了重复使用而预先拟定并在订立合同时未与对方协商的条款。但本案讼争的合同文书虽是虎牙公司制作，但针对违约金金额 300 万元，合同文本以“【 】”的符号标记，且同类合同约定的违约金金额不尽相同，可见，本案合同双方对该金额的确定是经协商一致的，该条款并非格式条款。

一内容与原告期望被告能够重新回到本平台进行直播，实现损失最小化这一目的有关。直播合同的核心内容系由主播本人提供直播服务，具有一定的人身性质，无法保证主播重回虎牙公司平台直播的质量，且主播到与原平台有直接竞争关系的平台公司进行直播已经构成根本违约，对原平台造成的用户与流量损失已成事实，合同在客观上丧失继续履行的基础。

简言之，此类案件的争议焦点众多，但核心主要聚焦到以上四个方面，并且就“合同解除”以及“违约责任认定”两项达成一致后，重心就在于最终判赔额的认定问题上。

3. 违约赔偿具体金额的认定

在主播“跳槽”违约赔偿具体金额方面，从当前司法实践中对此类案件的判决梳理结果来看，通过数据整理可以很清晰地展现出主播所面临的违约金的不同层次，如图 5-8 所示。显而易见的是，须承担 100 万以上违约金的远超 50%，而在头部主播聚集的情况下，高判赔额占比仍明显。

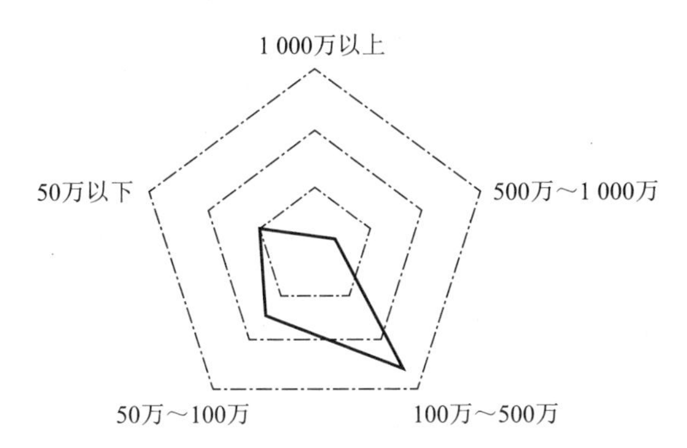

图 5-8　网络游戏主播“跳槽”违约赔偿最终认定赔偿金额

4. 案件梳理总结分析

网络游戏主播“跳槽”现象，归根结底是各大头部平台为争夺主播“资源”的利益之争，不可避免地出现抢夺主播的乱象，行业之内平台之间恶意竞争，破坏行业秩序。其中，对网络游戏主播“跳槽”违约赔偿金予以恰当认定在一定程度上可解决此问题。但反论之，对违约赔偿金额的认定采取何种标准也是影响这一规制方式实际效果的重要因素。若违约赔偿金额过低，与主播自身价值不匹配，或无法达到规制效果，在某种程度上纵容主播在平台之间的“切换”，导致行业秩序混乱；若对所有游戏主播在违约赔偿金额认定上采取相同标准，或有不公平之嫌，游戏主播之间差距明显，尤其是头部主播对于一平台在竞争环境中占据优势地位具有重要意义，且一定程度上体现公司对其资源倾斜。主播价值与自身收益成正比，不同影响力的主播违约对公司的负面影响程度亦有所不同。

在梳理裁判文书后，可以发现并不是所有判决都采取同一计算思路，此外，值得关注的是在所检索的案件中，约有88%的判赔额为法院依据合同约定以及案件具体情况予以酌减。除却计算损失中普遍考虑的双方违约程度外，判决中还会包括其他特殊因素的考量。后文以2016—2020年涉及网络游戏主播“跳槽”违约赔偿的140余篇案件为例，通过Nvivo12质性研究软件，运用实证研究方法分析了影响网络游戏“主播”跳槽损害赔偿认定金额的影响因素。

5.3.2 逻辑模型——基于网络游戏主播“跳槽”违约赔偿金额认定因素的编码

1. *研究方法与工具*

本节采用扎根理论研究方法。扎根理论（Grounded Theory）是由社会学者格拉斯（Galsser）和施特劳斯（Strauss）在1976年提出，是一种运用系统化的程序，针对某一现象发展并归纳式地引导出扎根于实际资料的理论的一种新颖的质性研究方法。扎根理论法从一定的原始资料和经验事实中不断地归纳分析，从而形成理论，并通过比较来修正和完善理论。扎根理论是一种质性研究方法，与内容分析法有所不同。内容分析法将非定量的文献材料转化为定量的数据，并依据这些数据对文献内容做出定量分析做出关于事实的判断和推论。二者在逻辑上有所差异，扎根理论的逻辑建立轨迹是“自下而上”，而内容分析法的逻辑建立逻辑则是“自下而上”。[①] 在对网络游戏主播“跳槽”违约赔偿金额的认定因素整理分析时，呈现由理论模糊到逐渐清晰的转化过程，需要研究者对此进行干预。具体言之，需要对所要分析的资料进行收集、分析，在此基础上寻找这些内容背后反映的核心概念（单个考量因素），然后对这些概念建立联系，形成最终认定模式。

在资料搜集阶段，进行自主检索，具体检索内容在上一部分已做详细描述，此处不再赘述。

本节运用质性分析软件Nvivo12作为主要研究工具。Nvivo是支持定性研究方法和混合研究方法的软件，它可以帮助收集、组织和分析采访、焦点小组讨论、问卷、音频和其他内容，Nvivo强大的搜索、查询和可视化工具能够深入分析数据。Nvivo12可同时处理网页与社交媒体上的内容，在进行案件梳理分析时更为全面。作为具有较高严谨性分析工具，Nvivo成为目前国际上通用的主流质性分析工具，本书所选取的134份案件借助Nvivo软件更大程度上保证研究的科学性与严谨性。

① Parry. K W, Grounded theory and social process: A new direction for leadership research,（The Leadership Quarterly, 1998）, p. 85-105.

2. 研究结果与分析

对134份案件判决书适用Nvivo软件进行编码分析。[①] 开放式编码阶段，以形成自由节点，对节点建立联系，形成范畴；通过主轴编码阶段对各范畴之间的概念建立内在联系，整理为树状节点；最后，选择核心范畴，将其系统地和其他范畴予以联系，并把概念化尚未发展完备的范畴补充整齐。[②] 从案件材料原始文本中提取至编码频次，进一步形成节点编码体系，阐明本书所研究的考量因素具体情况，作为研究网络游戏主播“跳槽”违约赔偿金额认定逻辑的雏形。经过案件整理、筛选与合并，最终形成6个副概念。在选择性编码阶段，基于开放式编码形成的10个副概念归纳为6个总范畴，对其具体内涵、特征、现实条件、证明难度等进行登录，最终形成针对网络游戏主播“跳槽”违约赔偿金额认定影响因素的逻辑模型。

此处应当说明的是，借助Nvivo软件主要是为了更为科学地对法院认定判赔额的考量因素进行系统梳理，前期首先对编码过程进行干预，在研究结果中对参考点少于2次的自由节点进行剔除，对涉及考量因素的内容进行保留。

在开放式编码（Open Coding）阶段，开放性译码的目的是现象归纳、概念界定以及发现范畴，即对资料进行聚敛。[③] 将134份案件判决书一次性导入“内部材料”中，新建节点选中所有材料进行初次编码，并形成自由节点，共计1241个参考点。对案件至少进行3次逐级登陆分析，在开放式编码阶段，结合当前对网络游戏主播“跳槽”违约赔偿金额认定中争议较大的认定因素进行逐字逐句读取与编码，将关键字距作为自由节点，并按照类别属性进行初步命名，参考点数即为所有案件资料中相同编码内容频次，最终从原始材料中提取出1794个初始概念。[④] 将参考点中无关考量因素的自由节点全部剔除，形成在“考量因素”下的6个一级节点。开放式编码形成的自由节点与一级节点如表5-1所示。[⑤]

---

① 此处对编码分析进行人工干预。即首先对所检索的案件中的判决内容进行粗略阅读，从中随机选取十篇进行细读。之后对选取的案件中的考量因素进行大致分类整理，并将其导入软件。随后将所有案件导入，进行具体节点整理，在个案阅读梳理中，对前期导入的节点进行不断的调整。

② 韩正彪、周鹏：《扎根理论质性研究方法在情报学研究中的应用》，载《情报理论与实践》2011年第5期。

③ MQ Patton, Qualitative evaluation and research methods,（SAGE publications, 1990）, p. 3.

④ 苏郁锋、吴能全、周翔：《制度视角的创业过程模型——基于扎根理论的多案例研究》，载《南开管理评论》2017年第1期。

⑤ 此处开放式编码涵盖人工干预的内容。即对节点词在三个以下的进行剔除，并对公司、人名等无关词一并剔除。

表 5-1 开放式编码形成的子节点

一级节点	自由节点	节点来源数	参考点数
E 考量因素	E1 主播个体的差异	35	37
	E2 合作酬金	68	70
	E2.1 与原平台的合作酬金	51	53
	E2.2 与目标平台的合作酬金	17	17
	E3 直播平台的投入	22	22
	E4 违约程度	97	114
	E4.1 主播违约	97	103
	E4.2 平台违约	11	11
	E5 服务期限	92	95
	E6 可得利益	39	40

主轴编码(Axial Coding)是实施扎根理论编码程序的第二个阶段,在主轴编码的基础之上,进一步分析范畴之间的逻辑关系,对前一阶段所归纳的范畴进一步抽象。在网络游戏主播"跳槽"案件中,根据法院在裁量时着重证据论证与分析的因素建立概念类属,划分归纳出"法院认定赔偿金额""年份""考量因素"三大范畴,如图 5-9 所示,该图为 Nvivo 软件导出的内容编码层次结构图,其中,各部分区域面积的大小表明各节点参考点的数量差异,即面积越大代表该节点的参考点数量越多。

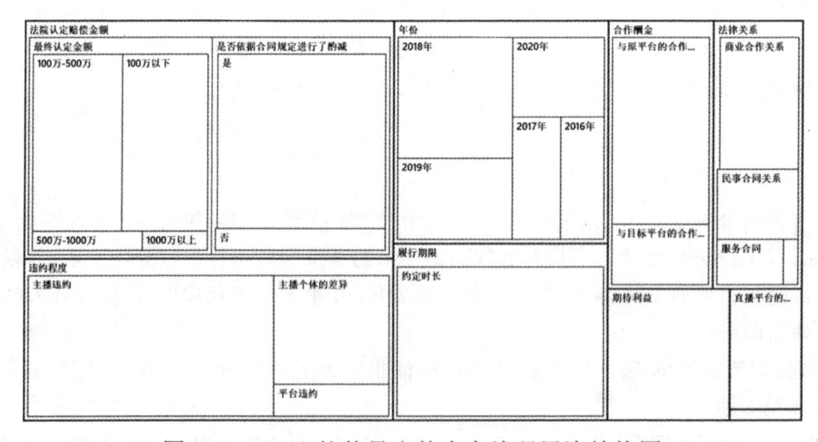

图 5-9 Nvivo 软件导出的内容编码层次结构图

在选择性编码(Selective Coding)阶段,主要目的是通过对主范畴进行归纳、抽象,最终得到能够涵盖所有范畴的核心范畴,并建立核心范畴、主范畴与其他范畴之间的联系,以"故事线"的方式来描述现象及其背后的驱动因素,从而发展成为一个新的、完整的理论框架。[①] 所有主范畴进行分析后挖掘出探索的“核心范畴”——“确定判赔额的考量因素”。[②]

扎根理论要求在三级编码之后对理论予以饱和度检验，以实现理论得出的完备性，在理论未完备时需要重复三级编码过程，对新概念与范畴进一步寻找。[③] 在对所采用的资料与被剔除掉的原资料再次编码分析后尚未发现新的概念与范畴，对“考量因素”这一范畴并无遗漏项，因而此处建构的最终理论达到饱和。

5.3.3　网络游戏主播“跳槽”违约赔偿金额认定的影响因素

1. 隐性因素——网络游戏主播个体差异

网络游戏直播平台与传统公司运营中心有所不同，前者运营主体更多依赖互联网生存与发展的互联网行业，而流量是决定互联网企业估值高低的重要指标，即通过所谓的“流量变现”，最终实现企业价值。在直播平台进行直播的游戏主播相较于全部收益来源于粉丝的个人主播，一般是具有潜力且流量更大，此类签约主播一般依靠粉丝打赏所得分成获得收入，游戏直播平台的主要收入来源是签约主播的分成与广告收入。“主播个体差异”在此进行考量时是作为隐性因素出现的，不同于传统判赔过程中对双方约定的合作酬金的考量，该因素需要结合主播在直播行业的影响力进行综合考虑，而如何进行衡量这一因素的价值需要在司法实践中予以明晰。

在节点摘录中，有35例案件审判法院法官在案件裁决中着重对所涉游戏主播的影响力进行阐述。这主要是由于该行业的特殊性决定，众所周知，在网络游戏直播行业，游戏主播是平台之间竞争的核心资源，一些头部主播甚至是网络游戏直播平台得以顺利发展的重要基础。游戏主播与观众之间的关联性很强，直播平台需要游戏主播吸引人气从而获取流量，一旦平台培育或引进的主播“跳槽”，或导致观众流失，会减少本属原平台的流量，进一步削弱平台的竞争力。

网络游戏主播的商业价值对于衡量游戏直播公司的损失而言仍具有参考作用，但是否可将其等同于游戏直播公司的可得利益并作为主张实际损失的计算依据则有待商榷。从虎牙与高磊网络服务合同纠纷[④][广东省广州市中级人民法院

---

① 蔡霖、任锦鸾：《媒体智能化内涵与测度指标体系——基于扎根理论的探索性研究》，载《河南大学学报(社会科学版)》2021第2期。

② 为保持逻辑框架的完整性与后续分析的整体连贯性，此处将最终的“故事线”置于“(四)各因素内部因果性分析”中以“图5-10 各因素内部关系图”进行展示。

③ 韩正彪、周鹏：《扎根理论质性研究方法在情报学研究中的应用》，载《情报理论与实践》2011年第5期。

④ 参见广东省广州市中级人民法院(2018)粤01民终21394号民事判决书。

(2018)粤01民终21394号]以及虎牙与唐成意网络服务合同纠纷[1][广东省广州市中级人民法院(2018)粤01民终21393号]中不难看出,法院在对原告主张的违约金额予以认定时,也考虑到游戏主播直播用户量。经梳理比较,这部分案件大多存在于主播本身具有一定知名度,这部分案件中的主播"跳槽"给游戏直播平台带来的损失往往高于其他主播。原因显而易见,知名度较高且在直播中较受欢迎的游戏主播本身就会与观看游戏直播的观众之间具有密切联系,对观众的吸引效应更加明显,其"跳槽"会直接影响直播平台原有流量资源。对该因素的考量大致可在两个角度入手,一是考虑到主播自身影响力与其所带来的"粉丝黏性",从而影响到用户订阅量。在虎牙平台公司与张锦的合同纠纷中[广东省广州市中级人民法院(2020)粤01民终997号],法院特别提道:该主播所直播的游戏在极具影响力,用户量大且本身是知名游戏主播之一,游戏水平较高,用户订阅量较大,对粉丝的吸引力不容忽视。[2]二是主播个体差异即反映了主播自身能力水平,尤其是由平台自行培养的主播显示平台对其资源投入与资源倾斜。这一方面将在"游戏直播平台投入"部分细述,但在司法实践中不难发现在分析主播个体差异时也体现法院对平台前期投入的考量,从而为该因素适用的合理性进行佐证。比如蔺飞龙与虎牙平台之间的纠纷中[广东省广州市中级人民法院(2018)粤01民终13910号][3],法院就提道:蔺飞龙利用虎牙公司虎牙平台的知名度与众多用户资源,和直播带宽资源、软硬件支持,成为国内游戏行业有一定影响力的游戏主播。在另一案件杭州视琰文化传媒有限公司与方聪的合同纠纷中[浙江省杭州市中级人民法院(2020)浙01民终4310号][4],法院通过对主播所获收益的多少对该主播的影响力进行判断,在合同履行期间,主播月均收入不足3000元,影响力有限,将该因素进行充分考量之后,结合违约程度等其他情况,酌定确定违约金额为50000元,而在上述提到的蔺飞龙案件中,最终确定违约金额为54万元。

这一因素的可量化性较之约定的违约赔偿金额及其他可考量因素略有不足,网络游戏主播在其所从事的直播行业中或具有一定的影响力,但该影响力的产生除主播个人综合能力之外,很大一部分依赖于平台推广,这一原因分析主要来源于游戏直播行业对主播培养模式。此外,游戏行业的整体发展趋势与社会环境等均会直接影响该因素的认定。

2. 网络游戏主播与游戏直播平台的合作酬金

合作酬金即合作费用,一般在合同中基于双方合意进行约定,就游戏主播与

① 参见广东省广州市中级人民法院(2018)粤01民终21393号民事判决书。

② 参见广东省广州市中级人民法院(2020)粤01民终997号民事判决书。

③ 参见广东省广州市中级人民法院(2018)粤01民终13910号民事判决书。

④ 参见浙江省杭州市中级人民法院(2020)浙01民终4310号民事判决书。

直播平台之间的协议而言，采取的都是年酬金的计算方式。在案件统计时，约四分之三的案件中，法院在计算违约赔偿金额时以游戏主播与原平台的合作酬金为基数进行计算。如前所述，主播在与直播平台进行签约时，通常会在合同中约定年酬金。《民法典》第五百八十五条规定了违约金的计算方式[①]，基于此法院一般会考虑到在原游戏直播平台无法举证证明其实际损失的情况下，可以以主播能够获得最低收益，即双方约定的年酬金作为违约金计算的基准。

案例梳理中，从案件整体数量来看，经由数据统计，约有四分之一的案件会选择将主播与“跳槽”的目标平台的合作酬金为基数进行计算，其中所体现的法律主体与前一因素考虑的主体有所不同的，该因素中法律关系的双方主体是“跳槽”主播与目标平台。一般情况下，主播离开一个直播平台，签约另一个直播平台，其合作酬金会有所增长。从案件判决时间来看，2020 年大部分网络游戏主播“跳槽”案件是以“与目标平台约定的年合作酬金”为基准进行计算，该趋势的出现与互联网这一新业态自身特性契合，尤其是游戏主播在原平台经过一定时间培育、发展之后，自身价值与签约时不可同日而语，此时应当依据个案情况对其予以考量。吴新远与武汉鱼行天下文化传媒有限公司的合同纠纷［湖北省武汉市中级人民法院（2020）鄂 01 民终 6024 号］中法院考虑到主播合作酬金是主播的主要收入来源，酬金的金额标准与主播直播水准、直播时长、聚集的人气有直接联系，一定程度上能体现主播的价值。[②]在主播“跳槽”至另一有竞争关系的平台后，基于主播自身“价值”的提升，与目标平台签订的合作酬金有所上涨，在此时损失赔偿金额的认定中，应当以游戏主播与目标平台所签订的合同中约定的年合作酬金的基准，以得到的合作费用和虚拟礼物分成平均值作为参考。[③]较之上述案件，在深圳白驹网络科技有限公司与周可的合同纠纷中［湖北省武汉市洪山区人民法院（2017）鄂 0111 民初 4931 号］，法院则以主播与原平台的合作酬金为基准，法院酌情在 300 万元的范围内予以支持（即按照被告年酬劳的 5 倍计算违约金）。[④]在选取的上述两例案件中，法院认定最终判赔额所考量的因素有所重合，就此处所讨论的认定游戏主播与直播平台的年合作酬金而言，前一案件中法院考虑到主播“跳槽”后自身“价值”的变化，以游戏主播与“跳槽”目标平台的年合作酬金作为计算基准，后一案件则是以游戏主播与原平台约定的年合作酬金的 5 倍进行计算。

---

① “当事人可以约定一方违约时应当根据违约情况向对方支付一定数额的违约金，也可以约定因违约产生的损失赔偿额的计算方法。”该条款对约定违约金具体内容予以规定，包括对违约金具体数额的约定或赔偿额计算方法的约定两种方式。

② 余金龙：《网络主播行业解约赔偿的法律分析》，https://www.sohu.com/a/335789199_100116401，2021 年 3 月 2 日访问。

③ 参见湖北省武汉市中级人民法院（2020）鄂 01 民终 6024 号民事判决书。

④ 参见湖北省武汉市洪山区人民法院（2017）鄂 0111 民初 4931 号民事判决书。

3. 游戏直播平台投入

在网络游戏直播行业,游戏直播平台为培养主播通常要投入大量资金用于为主播提供推广资源、宽带资源以及技术资源等,从而增强主播"用户黏性",若主播在知名度提升后"跳槽"至有竞争关系的平台将导致平台前期投入无法转化为应有收益。因而,"游戏直播平台投入"也是法院在认定判赔额时的重要考量因素。以罗伟、广州华多网络科技有限公司合同纠纷[广东省广州市中级人民法院(2019)粤 01 民 19997 号]为例,罗伟擅自跳槽至竞争平台对华多公司而言影响严重,会直接造成用户流入竞争平台,从而导致其前期投入、后续收益、市场份额的损失,甚至对于公司的整体经营产生影响。①上海熊猫互娱文化有限公司与纪孟玉其他合同纠纷[上海市静安区人民法院(2018)沪 0106 民初 26676 号]中,法院结合原平台对主播的培养计划指出,原平台在带宽、主播上先期投入的大量成本在剩余合作期间内无法转化为流量,且不再为原平台的直播平台产生效益,因此导致直播平台的虚拟道具收益、广告收益及预期利益的损失。②该因素的考量多是"链条式"的延伸轨迹,原直播平台的前期投入并非静态存在,在游戏主播"跳槽"后损失的不只是主播资源本身,前期投入将无法转为预期流量回报,因而对该因素的思量当以动态发展的路径予以判断。

需指出的是,对游戏直播平台的投入这一因素的考量与传统合作酬金进行了区分,法院在最终判赔过程中对其充分考量,这也源自这一行业的特殊性。游戏主播在进入游戏直播行业时,网络游戏直播平台对不同主播的投入是存在差异的,这一差异与前一因素——主播个体差异——沿袭同一培养策略。平台未必直接与已经具有高知名度的主播签约,尤其是现在原平台为了保持其现有竞争力必然会给予游戏主播丰厚的报酬、充分的资源与发展空间,而其他平台要想在行业竞争中取得优势就需要自行培育主播,对于水平存在差异的主播之间,游戏直播平台对其投入也会有所不同。另一方面,对于新主播,在游戏直播平台上进行直播获益的行为本就在一定程度上有赖于游戏直播平台的影响力和知名度,游戏直播平台为了获取经济效益势必存在一定的推广行为、经济支出及合理成本,这就属于前期主播培养之外的另一部分投入,也应考量在内。

4. 网络游戏主播与直播平台的违约程度

在梳理案件分析"网络游戏主播违约"这一因素时,出现主播违约与平台违约两个内容,主要是判断当事人在纠纷中的过错大小,且游戏主播所提出的平台存在违约行为的诉求部分获得法官支持。游戏主播违约,擅自到有竞争关系的平台进行直播,直接损害到原游戏直播平台的利益,这一认定是毋庸置疑的。

---

① 参见广东省广州市中级人民法院(2019)粤 01 民终 19997 号民事判决书。

② 参见上海市静安区人民法院(2018)沪 0106 民初 26676 号民事判决书。

在部分案件中,游戏主播提出原平台存在一定的违约行为,即“跳槽”行为是由于原平台的违约行为导致。游戏主播在抗辩时,首先,通常会提出由于游戏直播平台先存在迟延支付酬金的情形,法院在认定判赔额时也会对此予以考虑。另外,游戏主播直接与观众接触交流,通过观众“礼物”获得收益分成,游戏主播在网络上公开直播,主观意愿上希望可以获得公众关注以获取分成,但众所周知,网络环境下的互动并非始终处于和谐的状态,其中必然伴随不和谐言论。以江海涛案件为例,其在抗辩时提出:虎牙公司平台上其他知名主播组织人员在直播视频中进行人身、人格攻击,导致无法正常直播,这也对其履行服务协议造成极大干扰,而平台公司并未采取相应实质行动以保障主播履行协议,而是默认和支持江海涛继续被攻击,导致服务协议丧失继续履行的基础,被迫离开原平台。然而,法院在处理此类问题时,通常会从游戏直播行业发展特性出发,否认该抗辩的合理性。原因在于,面对与处理此类网络言论应是网络主播的职业内容,尤其是长期从事游戏直播的主播应有能力处理此类问题,此种情况不应成为主播行使合同解除权而离开原平台更换到其他有竞争关系的平台进行直播的合理理由。

事实上,在进行案件梳理时也不难发现,即便是子节点因素的判断,法院在处理时也会充分结合行业发展现状与主体工作模式进行判断。进一步而言,主播与其他主播之间的纠纷系属个人纠纷,在平台与主播所签协议内容中,并没有针对主播与公众或其他主播发生言语纠纷时进行干预处理的约定,即该违约主播也无法提供合同上的依据,也就无法完成举证责任。

5. 网络游戏主播与原游戏直播平台合同约定的服务期限

在案件审理时,游戏主播与原平台合同约定的服务期限这一因素也是法院计算判赔额考量的重点。基于这一行业的特性,游戏主播与直播平台在合同中会明确约定“优先续约权”这一内容,优先续约权并非法律规定的权利,而是合同主体自由约定,在合同到期时,合同一方可以实现优先与合同对方签约的权利,这一约定符合游戏直播行业中各平台竞争的现状,且游戏平台大量资源倾斜至所培养的游戏主播上,若游戏主播在合同到期后直接离开,平台往往无法及时进行资源回撤或其他调整。

本书所探讨的主要是游戏直播行业主播与平台之间的纠纷,虽涉及服务期限,但仅是一个限制性因素,背后还是合同中所约定的“优先续约权”对主体之间产生约束力,其实并未有合同会对服务期限做明确的约定,即准确的服务期限在合同中并未体现。当游戏主播在原平台直播时间较短时,原平台的资源倾斜较直播时间较长的主播影响相对要小,例如陈某在与视琰公司[浙江省杭州市中级人民法院(2019)浙01民终6611号]签约3天后即另行与同类其他平台签约的违约行为等因素,法院认为视琰公司主张违约金1 000万元过高,法院酌情认定陈某应当赔偿视琰公司违约金480万元。[①]

另一角度则从游戏主播与经纪公司两方主体出发，在深圳白驹网络科技有限公司与谢彦辉的纠纷中［湖北省武汉市中级人民法院（2017）鄂01民终2454号］，法院结合该案，以双方的特别委托协议的具体内容入手，指出根据谢彦辉的月收入标准，特别委托协议的完整履行会给白驹公司带来较大收益，但谢彦辉在仅履行了3个月左右即解除了期限为2年的特别委托协议，势必会给白驹公司带来较大经济损失，法院酌定谢彦辉向白驹公司支付违约金19.2万元。[②] 类似模式下，演艺经纪合同其实对这一因素的体现更为直观，在美国加州《劳动法典》中有条文明确规定艺员为经纪公司提供7年服务后解除合约，在韩国演艺经纪合同中也有针对服务年限的规定。至少现在来看，游戏直播行业中并未形成此种惯例，但该因素所带来的对“优先续约权”实现的影响也是法官在准确计算判赔额的重要考量内容。

6. 游戏直播平台的可得利益

可得利益是指当事人在订立合同时期望从此交易中获得的各种利益和好处。[③] 可得利益损失，在《中华人民共和国民法典》第五百八十四条对其进行明确规定，对可得利益的损失这一因素进行充分考虑，将其列入违约损害赔偿范围，同时以可预见性为前提，对其具体分析还是需要结合司法实践中案件诉求进行描述。该损失对应的是合同在完整履行之后可获得的利益，并以违反合同的一方在签订合同之时预见或应当预见的因违反合同可能造成的损失为限。故此，对于违约金的计算不应当仅停留在对已有损失的衡量上，还要考虑到平台整体估值的降低、可得利益的损失。

一方面，作为互联网企业，直播平台前期投入成本培养主播，中期还需要进行推广、广告宣传等工作，后期还需要为主播的进一步发展深入投资。主播跳槽到与原平台有竞争关系的平台，基于观众与主播之间的关联性，很大可能就是大部分主播随之到其他平台，原平台流量流失，网络主播在全部合作期内所占有、使用的平台带宽资源及人力成本，于合同履行期间对平台产生收益，并通过人气积聚的过程也将在剩余合同期间继续释放效益，甚至鉴于网络平台企业的盈利模式，可能产生爆发式的增长。从“可预见性”这一层面，武汉鱼行天下有限公司与杨浩合同纠纷中［湖北省武汉市中级人民法院（2019）鄂01民终13333号］，法院指出，双方约定的违约金在合同订立之初已经明确，游戏主播在签订合同时已知违约成

---

① 参见浙江省杭州市中级人民法院（2019）浙01民终6611号民事判决书。

② 参见湖北省武汉市中级人民法院（2017）鄂01民终2454号民事判决书。

③ 王利明：《合同法研究》（第二卷），中国人民大学出版社2003年版。

本，在一定程度上体现了缔约时双方对违约损失的预估、对履约利益的期待。[①]

另一方面，网络游戏直播平台与主播在合同中约定“优先续约权”，目的是为了避免主播擅自转到有竞争关系的平台时给原平台带来的巨大损失。若主播在正常合同期满后，提前将不再续约的意向告知原平台，原平台可通过合理安排，将推广资源做倾斜性调整，最大限度避免用户流失，如此给原平台带来的损失与主播突然违约截然不同，否则就会侵犯平台的“优先续约权”，给其带来可得利益的损失。以江海涛案件为例，其签约时明知已与平台订立违约金计算方式，且明确知晓合同中约定的排他条款，仍违约去有竞争关系的平台直播，导致继续履行合同时虎牙公司的可得利益的丧失。

5.3.4 各考量因素内部因果性分析

利用Nvivo12软件所整理的考量因素，呈现出与司法认定之间的关联性，所列明的是各项考量因素，并未对因素的内在联系进行说明，即各个因素的作用力大小无法清晰判断[②]，最终应对各因素之间的因果性等内在联系做进一步说明，如图5-10所示。[③] 在动态层面上分析各个因素作用力的大小是对主播“跳槽”违约赔偿金额司法认定的另一个切入点。之所以需要以动态视角衡量，主要是基于不同个案对各因素的侧重存在差异，因而在司法实践中上需要结合个案情况做出具体判断。

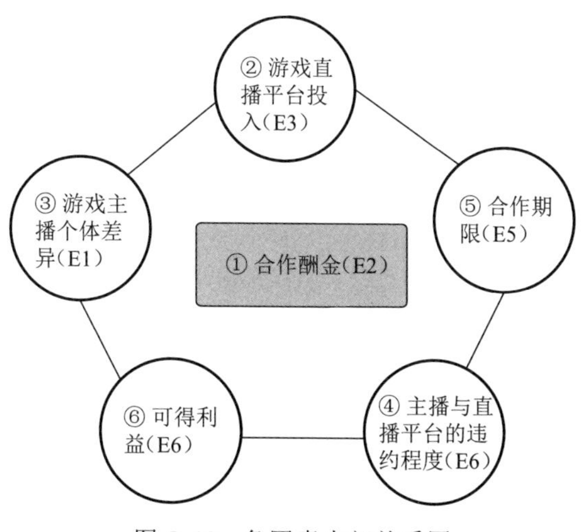

图5-10 各因素内部关系图

① 参见湖北省武汉市中级人民法院(2019)鄂01民终13333号民事判决书。

② 屈茂辉：《违约金酌减预测研究》，载《中国社会科学》2020年第5期。

③ 该图为大致模型图，内部关系呈现互通性，具体关系说明主要依据内容分析得以体现。

协议中约定的违约金额凝聚了主播与直播平台双方在协议签订之时的履行期待。简言之，协议中的内容是双方的合意，因而认定主播“跳槽”违约赔偿金额时以双方协议约定的违约金作为重要参考是毋庸置疑的，法院在进行司法认定过程中就具体情况做出是否酌减或酌增的判决。[①]具体而言，在各考量因素内部因果关系方面，采取以各因素为轴心，通过因素“放射性”关联的分析路径，就各因素的内部关系进行充分梳理。

（1）合作酬金是认定最终判赔额的计算基准，处于轴心地位。该因素是最重要的考量因素，双方在协议中不仅直接约定违约赔偿金额，而且约定计算方法。[②]

（2）游戏直播平台的投入与平台期待的“流量回报”具有正相关性，是认定判赔额的重要考量因素。[③]借助对该因素的充分认定可构建与其他因素的关联图示。如图 5-5 所示，结合游戏直播行业直播平台对主播的培养模式，大致可构建如下模型（图 5-11）[④]：在Ⅰ阶段为主播的发展初始期，Ⅱ阶段为主播快速发展期，Ⅲ阶段是主播发展平缓稳定期。因Ⅱ阶段最能体现游戏直播平台投入与主播所带来的流量之间的关系，故此处对该阶段进行着重分析，在第Ⅱ阶段时，游戏直播平台收入持续增长，主播的影响力增大，为平台带来的流量也不断上升，即游戏直播平台投入与主播所带来的流量呈现正相关，在第Ⅱ阶段大致呈现为“$y=x^n$（$x>1$）”的状态。由于因主播“跳槽”所致损失的具体数额计算较为困难，而直播平台的投入相对而言具有确定性，因为法院对该因素的考量占据较大比重。同时该因素与双方约定的服务期限具有相关性，双方约定的服务期限较长时，平台对该

---

① 参见湖北省武汉市中级人民法院（2018）鄂 01 民终 5250 号民事判决书。法院在此案件判决中就双方约定的违约金额予以酌减：在广州斗鱼公司无法举证证明其实际损失的情形下，以曹悦可能获得的最低收益，即双方约定的年酬金作为损失计算基准，结合曹悦解除协议时合作协议已履行和未履行时间，酌定曹悦向广州斗鱼公司赔偿损失 360 万元。

② 参见湖北省武汉东湖新技术开发区人民法院（2016）鄂 0192 民初 3581 号民事判决书。在法院事实查明中，明确双方在协议 5. 5 条中约定：约定未事先经过斗鱼公司书面同意，曾国翼不得在其他平台进行直播，否则曾国翼须向斗鱼公司支付违约金 3000 万元，且向斗鱼公司返还已付的合作费用和违约所得的全部收益；此外，在协议第 8. 6 条中（违约责任）约定：曾国翼承诺在任何情况下，如果违反协议的约定要求提前终止协议或与第三方签订合作协议的，或违反本合同约定的保证和承诺的，曾国翼须向斗鱼公司支付其年费用总额五倍的赔偿金。

③ 参见湖北省武汉市中级人民法院（2018）鄂 01 民终 5250 号民事判决书。庭审中，广州斗鱼公司陈述因曹悦违约受到的实际损失为：1. 在合作协议里明确说明了广州斗鱼公司会向曹悦提供全方位的推广、培养以及相关的服务，这些内容需要广州斗鱼公司投入很大的人力、财力。对于本行业而言，虽然无法准确地计算，但是这种投入是相对确定的。

④ 该模型的构建主要依据游戏直播行业的发展模式，仅以该模型的走向变化作为说明因素内部关系的辅助工具。

主播的投入比重会更大，所期待获得的收益也就越多。①

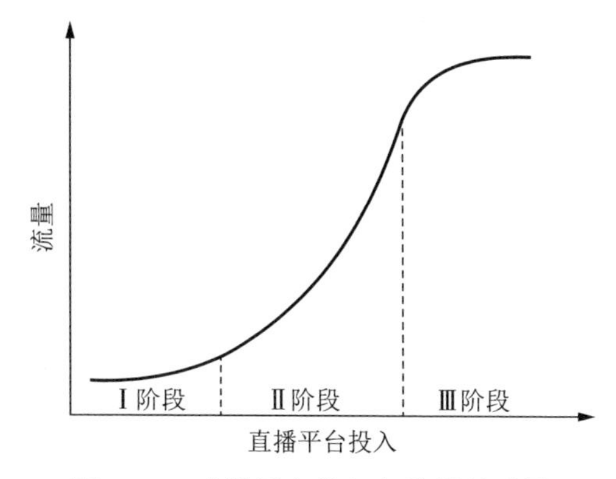

图 5-11　直播平台投入与流量关系图

（3）游戏主播的个体差异则体现为主播自身的价值，是认定判赔额的考量因素之一。该因素较之于其他因素而言具有自身的“隐形性”，不同主播自身价值不同，直播平台对其期待值不同，故在协议中约定的合作酬金以及违约赔偿金的设置亦存在差异。尽管在司法实践中并未直接就该隐性因素进行衡量，但其与直播平台的投入、违约程度大小认定，以及可得利益等因素密切相关，大致可参照图 5-11 的相关模式，呈现正相关，即游戏直播平台投入体现为游戏主播价值的不断提升，主播的“用户黏性”变大。②

（4）主播与直播平台的违约程度是考量其他因素的前提。具体言之，对该因素的考量一方面是认定主播违约的核心要件，同时直播平台违约也要慎重认定，例如“平台拖欠薪酬”所致的主播违约也影响对最终判赔额的认定。

（5）主播与平台约定的服务期限是关涉违约程度的重要考量因素。主播在该平台履行期限越长，对平台的影响力也就越大，在平台培养下主播自身价值得到提升，“用户黏性”增强，在主播“跳槽”之后对该平台带来的损失也就越大。

（6）可得利益这一因素当前在此类案件判赔额的认定中并非占据支配地位，

---

① 参见广东省广州市中级人民法院（2018）粤 01 民终 21394 号民事判决书。法院就高磊“跳槽”违约赔偿金额认定问题，结合行业特点与直播平台投入进行说明：“从行业特点来看，网络直播平台对主播依赖性较强且行业竞争激烈，网络直播平台经营者需要投入大量资金进行推广和维系，用户数量、观看人数对平台利益有重大影响。”

② 参见湖北省武汉市中级人民法院（2020）鄂 01 民终 5972 号民事判决书。法院就“违约金额认定”方面提出：“合作酬金是主播的主要收入来源，酬金的金额标准与主播直播水准、直播时长、聚集的人气有直接联系，一定程度上能体现主播的价值。”表明合作酬金与主播自身价值相关联。

且易被忽视。但该因素的存在与主播自身价值及此处的“游戏主播个体差异”具有一定的关联度，原因在于平台对不同主播的培养投入必然存在差异，且主播后期发展状况以及可能带来的预期收益亦有所区别，因而可得利益也是认定判赔额的重要考量因素，并与主播自身价值存在关联。

5.4 对网络游戏主播“跳槽”违约赔偿金额认定的质疑

5.4.1 以游戏直播平台－主播为核心的两大主体适用模式忽视对用户价值的考量

谈及网络游戏主播“跳槽”行为，涉及的直接主体为游戏直播平台与用户，但是考量其价值损失的过程中，基于完全赔偿原则，不宜局限于这两大核心主体。原因在于，基于网络游戏直播行业的特殊盈利模式，就网络游戏直播平台而言，弹幕观众是平台更为活跃的用户，用户的付费打赏则是直播平台重要的收入来源，游戏主播得到相应的打赏收入分成。所以在考量游戏主播“跳槽”违约赔偿金额认定应考量的因素时，不可避免地涉及用户这一主体。用户黏性的渗透率的提升是保持平台收入增长的重要因素，即增长的重要来源为用户规模的扩张，依赖于用户使用行为。①

在上海熊猫互娱文化有限公司与杨英杰合同纠纷案件中［上海市静安区人民法院(2018)沪 0106 民初 37963 号］，法院从观众与主播间的较高的正向关联度这一角度出发，分析由于主播“跳槽”导致原平台观众流失，并削弱平台竞争力。② 但并非所有案件都立足于“平台－主播－用户”这三大主体间的关系予以因素考量，在另一起上海熊猫互娱文化有限公司的主播“跳槽”案件中［北京市第三中级人民法院(2019)京 03 民终 14446 号］，法院则是以“平台－用户”两大主体为核心，结合“综合考量协议约定的服务期限、薪酬标准、文化公司行使权利时的合理费用等因素”认定最终判赔额。③

比较分析上述两例案件：第一，在主体方面，两名主播名为上海熊猫互娱文化有限公司的签约主播；第二，在违约金额约定方面，均以 1000 万作为基本违约金，在此基础上再衡量平台的培养成本等；第三，在合同履行情况来看，上述两个案件

① 刘运国、陈诗薇、柴源源：《游戏直播商业模式对企业业绩的影响研究——基于虎牙直播的案例》，载《财会通讯》2021 年第 4 期。

② 参见上海市静安区人民法院(2018)沪 0106 民初 37963 号民事判决书。

③ 参见北京市第三中级人民法院(2019)京 03 民终 14446 号民事判决书。

中的主播均在合同履行期间内“跳槽”至与熊猫 TV 有竞争关系的游戏直播平台；第四，就最终判赔额来看，杨英杰案件中最终判赔额为 57 万元，而杨宁宁案件中最终判赔额调整为 60 万元，存在差异的主要原因是杨英杰案件中还存在原平台欠薪违约的问题。基于以上四点分析，至少在主播与平台关系上，两例案件并未存在较大差异，但是在涉及因素考量时，前一案件将“用户价值”这一因素考虑在内。然而，网络游戏直播行业的竞争在某种程度上是围绕主播这一“竞争资源”展开。也正是基于此，网络直播平台愿意花费巨额的成本培养或引进主播，尤其争夺自带大量固定观众群体的知名主播已成为平台迅速提高流量的重要手段。所以对于“用户价值”这一因素，在认定判赔额时应将其考量在内。

基于网络游戏直播行业的盈利模式，用户的付费打赏收入因主播“跳槽”导致减损，在对最终判赔额的考量因素予以矫正时，就需要对“用户价值”这一因素进行认定，同时以何种路径认定也需要进一步探析。

5.4.2　过度依赖协议约定而忽视个案考量因素的差异

当事人合同中约定的违约金兼具双重功能，一是“压力功能”或“履约担保功能”，二是“补偿功能”或“损害填补功能”。[①] 网络游戏直播平台为了避免有实力与影响力的游戏主播“跳槽”至与其有竞争关系的直播平台，在合同中约定高额违约金条款，这些违约条款往往是游戏直播平台综合考量计算，结合合同履行期间主播可能带来的收益得出的。但这毕竟是一种预设性的价值判断，当前网络直播行业内企业估值普遍存在一定泡沫，在认定判赔额时应当适时考量其他因素进行综合判断。以杨英杰与上海互娱文化有限公司的合同纠纷案件为例，在网络直播行业激烈竞争的大环境下，原告在 2017 年至 2018 年一年时间内的合作费用约为 33 万元，即便加上原平台欠付的 4 万元前期费用，也仅为 37 万元，按照双方合同的约定，结合未履行的直播义务，认定 5 500 万余元的违约金额，该约定的违约金额显然存在一定泡沫的判断，即便对比主播每月固定基础收入 20 000 元来看，该违约金的泡沫空间仍旧存在。[②]

因而，在个案中就网络游戏主播“跳槽”违约赔偿金的认定问题当然需要由主播与平台间的协议出发，但不应仅限于此，基于游戏直播行业企业估值泡沫的存在，应当以动态的视角认定最终判赔额。通过对案件的数据梳理，网络游戏主播“跳槽”案件判决中，法院依据合同约定以及案件具体情况予以酌减情况，如图 5-12 所示。

---

① 姚明斌：《〈合同法〉第 114 条（约定违约金）评注》，载《法学家》2017 年第 5 期。

② 参见上海市静安区人民法院（2018）沪 0106 民初 37963 号民事判决书。

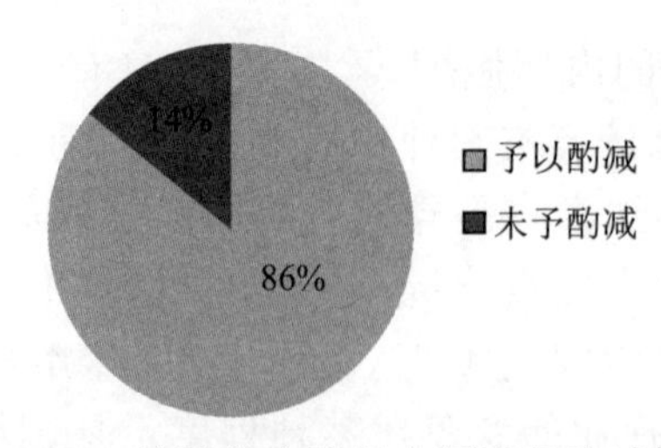

图 5-12 法院认定赔偿金额进行酌减情况

作为救济核心问题的违约金不仅仅是私人事务，而且法院在规定的严格条件下的确应该依职权主动调整过分高的违约金数额，且调整之后也必须符合合理性的要求。[①] 违约金酌减是法院在司法裁量时针对个案就当事人约定的违约金予以调整的规则，就司法酌减的运作逻辑而言，只要违约金责任被触发，债务人申请酌减无须具备其他特定前提，"违约金过高"只是法院决定是否酌减、酌减多少的评价因素。[②] 法院在最终衡量主播应承担的违约金额时，不宜过度依赖主播与平台间所签订的违约金条款，还需要考虑到平台整体估值的降低、预期利益损失、特定对象广告收益减损等因素。

5.4.3 针对网络游戏主播"跳槽"违约赔偿金额相关因素的认定适用模糊

1. 对年合作酬金因素欠缺合理衡量

考虑到网络游戏直播行业的特殊性，较之在传统行业中，公司员工"跳槽"至其他公司，若此时考虑员工违约问题与违约金额，一般以该员工与原公司合同约定的具体内容予以认定。然而，正如上述案件中所呈现的法院判决，法院在对网络游戏直播行业这一新业态中出现的游戏主播"跳槽"行为所导致的违约，采取更为审慎且契合这一行业发展动态的认定思路，即从游戏主播与原平台签约时间与主播合同实际履行时间这一层面出发，考虑到在游戏主播在原平台实际履约期间，原平台对游戏主播投入资金进行培养，加之游戏主播在原平台的曝光，其自身"价值"得以提升，此时游戏主播"跳槽"至有竞争关系的平台时，原有合作酬金作为违约金额认定的计算基准无法准确衡量主播"价值"，从而导致对原平台损失的认定有失妥当。

通过选取相似案件进行数据对比不难发现，以游戏主播与原平台、目标平台的年合作酬金为基准存在较大差别。以武汉斗鱼网络科技有限公司作为原告平

① 孙良国：《论法院依职权调整违约金——〈民法典〉第 585 条第 2 款之评判》，载《北方法学》2020 年第 5 期。

② 姚明斌：《〈民法典〉违约金规范的体系性发展》，载《比较法研究》2021 年第 1 期。

台的 2018 年与 2020 年的 3 个案件为例，如表 5-2 所示。

表 5-2　网络游戏主播“跳槽”违约赔偿金额认定案例选取

游戏主播与原平台	计算程式	计算规则
案件 1：武汉斗鱼鱼乐网络科技有限公司与高杰合同纠纷	合同期 5 年收入为 56 400 元 / 月 ×12 个月 ×5 年 =3 384 000 元	游戏主播与原平台合同中所约定的合作酬金 × 合作期限
案件 2：王逸婷与武汉斗鱼鱼乐网络科技有限公司的纠纷	（892. 86 元 +2 792. 85 元 +4 000 元 +45 755. 04 元 +28 430. 4 元 +12 984. 88 元）÷3. 5×48=1 300 883 元	（游戏主播与原平台约定的合作酬金 + 虚拟礼物收入的月均值）× 合作期限
案件 3：王宁与斗鱼公司的纠纷	6 531 017. 4 元（2 612 406. 96 元 ×2. 5）	游戏主播与跳槽“目标”平台约定的合作酬金 × 已履约期限（以 2. 5 倍计算）

经由表 5-2 可以看出，在案例 1 中，计算规则简单地以游戏主播游戏直播平台签约之初在合同中约定的合作酬金，结合合作期限进行计算；在案例 2 中考虑到游戏主播基础合作费用与虚拟礼物收入，以月均值 × 合作期限进行计算；在案例 3 中则是以游戏主播的发展动态作为衡量角度，基于主播“价值”提升，以游戏主播“跳槽”时这一时间节点进行考量，借助游戏主播与“跳槽”目标平台的合作酬金与合同履行期限作为基准进行计算。

因而，在起诉时这一时间点，游戏主播的价值与合同中所约定的合作酬金会存在出入，且从案件事实出发，游戏主播与直播平台之间并非传统意义上的“劳动关系”，在前期直播平台的培养投入与为主播提升“曝光率”进行的努力，应当予以适当考量，这也与主播“价值”提升存在关联。实践中，主播“跳槽”背后的原因很大一部分是目标平台抛出的高额酬金“橄榄枝”，单纯以原平台与游戏主播之间的年合作酬金作为计算基准，与此时“跳槽”目标平台的可获利益也无法形成关联，故而需要探析如何在认定游戏主播“跳槽”违约判赔额中，“年合作酬金”这一因素中以何种裁量思路进行判断更为妥当精确，从而可以契合这一行业的发展现状，以起到更好地规制的效果。

2. 对可得利益因素认定并未充分考量

可得利益本质上是一种增值利益①，在确定违约损害赔偿时，这一因素本身具有天然的不确定性，这也是为何司法实践中法院对于原告的可得利益损失认定持审慎态度的重要原因。

通过对案件的梳理发现，有的案件并未对这一因素予以考量，而以实际已发生且可量化的损失与双方协议约定的主播酬金确定最终的判赔额。以深圳白驹

---

① 刘承韪：《违约可得利益损失的确定规则》，载《法学研究》2013 年第 35 期。

网络科技有限公司与刘行的合同纠纷案［湖北省武汉市洪山区人民法院(2017)鄂0111民初4934号］为例，法院综合考虑被告的违约行为，协议期限为5年而被告履约时间不到6个月，以及主播的月收入、自身价值对最终判赔额进行衡量认定。[①]这一案件倾向于以主播履约期间内对原平台造成损失为认定依据，对比而言，在杨英杰与上海熊猫互娱文化有限公司的案件中［上海市静安区人民法院(2018)沪0106民初37963号］，法院审理时提道:“主播违约跳槽导致的平台损失，应当理解为事实上存在的损失，而不应局限于实际已发生的可量化的具体金额。”[②]换言之，网络游戏直播行业中，游戏主播在合同履行期间所占有、使用的资源，不仅在合同履行期间对平台产生收益，通过人气积聚，在主播“跳槽”后的剩余合同期间将持续释放效益。网络直播平台为了提升流量，频繁挖角、层层加码的非理性竞争，使得主播的市场价值泡沫化，具体则体现在直播费用及违约金数额上，游戏主播与平台所签订的协议中，动辄约定上千万的违约金，合作协议中关于违约责任的约定系当事人缔约时明确可知的违约成本，一定程度上体现了合同缔约时双方对违约损失的预估、对履约利益的期待，双方在签订协议时应当具有预见性。

因而，在确定网络游戏主播“跳槽”违约金认定考量的因素上，需要以动态视角进行分析，依据平台已发生的损失固然具有可量化性，且在计算时也较为容易，但是游戏直播行业的商业模式本身具有特殊性，平台为培育主播投入大量成本，同时进行资源倾斜，目的就是使主播为其创造价值，实现流量变现。而主播“跳槽”使得平台的可期待利益化为泡影，在确定判赔额时忽略这一因素显然不具有合理性。诚然，在这一因素的具体认定上尚存有一定的困难度，但至少应当首先确认考量这一因素的必要性，进而在程序与实体认定层面对这一因素做出具体判断、认定。

3. 对平台方欠薪违约因素的缺乏妥善认定

首先，在对游戏主播“跳槽”违约赔偿金额的认定问题进行明晰时，应当持全面审慎的态度，确定判赔的考量因素不仅仅局限于被告主播一方所造成的损失，对原告一方的相关情况也应做出合理观照。主播一方“跳槽”至有竞争关系的目标平台，依据与平台的双方协议构成根本性违约这一认定毋庸置疑。但是在实践中，也存在原告平台逾期支付与主播的合作费用这一事实，对这一问题在不同案件中，法院裁量时是否应当予以认定存在差异。主播是否正常履行双方协议同样存在不确定因素，在以上海熊猫互娱文化有限公司为平台主体的案件中，这一问题体现得更为明显。由于这一平台在2019年3月底不再运营，产生较多的“欠薪”

① 参见湖北省武汉市洪山区人民法院(2017)鄂0111民初4934号民事判决书。

② 参见上海市静安区人民法院(2018)沪0106民初37963号民事判决书。

案件，如果主播与平台之间的协议约定履行终止期间在这之后，那不得不考量平台的欠薪违约问题。

其次，“平台欠薪”这一因素的考量应当与另一类型问题区分，依据游戏直播行业的商业模式，主播自带“用户黏性”，一方面通过用户打赏获得收入，但同时也存在受到言语攻击的风险。以江海涛与虎牙纠纷案件来看[广东省广州市中级人民法院（2018）粤 01 民终 13951 号]，江海涛在抗辩时提出其“跳槽”至斗鱼直播平台事出有因，其在网络上遭受虎牙公司平台的其他主播有组织的弹幕刷屏谩骂，导致江海涛无法正常直播。因主播与传统行业的员工有所区别，本身属于公众人物的范畴，为人们知晓和关注，且能够从中获取收益。即便主播更换至其他平台，也不会消除网络攻击性言论，因而不应以此作为主播更换平台的合理理由。① 较之上述原因，当存在平台“欠薪”等违约问题时，则需要慎重考虑，尤其是在游戏直播平台之间竞争十分激烈的背景下，不仅需要对游戏主播“跳槽”导致的行业乱象予以规制，也应当注意到平台自身的问题。

对平台欠薪等违约问题的分析在认定主播“跳槽”违约判赔额的方面，是法院在对金额予以酌减时应当考量的，尤其是当前在对游戏直播平台估值时存在泡沫，协议中约定的高额违约金是否与平台损失相匹配需要法院在个案中予以裁量。而平台欠薪这一因素的适时提出，一方面使最终判赔额更为合理，另一方面也有利于规制行业乱象，保护主播权益。

5.5　网络游戏主播“跳槽”违约赔偿金额司法认定的矫正

网络游戏直播平台的头部效应明显，在判决时直接以法定或酌定赔偿的方式确定判赔额，较之网络游戏直播平台经济实力显得无足轻重，因而应当探寻契合平台间竞争事实与发展实际的赔偿金额认定程式。② 网络游戏主播“跳槽”违约赔偿金额的认定影响因素具有多重性、复杂性，为了实现在直播平台与游戏主播之间的利益平衡，需要对考量因素进行矫正。认定因素的缺失或未将相应因素置于合理地位等都将导致最终违约赔偿金额的差异。

通过引入“完全赔偿原则”为形成合理明晰的违约赔偿金额认定因素提供理论支撑，原因在于其正反两方面的理论架构可以适时地对最终结果的判定纠偏。

① 参见广东省广州市中级人民法院（2018）粤 01 民终 13951 号民事判决书。

② 参见广州知识产权法院课题组：《网络游戏直播的法律问题研究》，https://www.sohu.com/a/434112870_120054912，2021 年 4 月 5 日访问。

一方面，保证守约方在合同履行后的可获取利益，就要求在认定过程中把握尺度，使平台获得充分赔偿，其中当然包括对可得利益这一因素的考虑，而司法实践中并未将这一因素予以重视；另一方面，保证损失赔偿额应相当于违约所造成的损失，其与“完全赔偿原则”下的惩罚性赔偿之限用相匹配。即要求在最终认定过程中，应当在实际损失层面上着眼于双方合同约定，不能偏离意思自治的范畴。然而，司法认定过程中如何在合同约定基础上对各个影响因素进行妥善归置尚须明确，基于这一行业本身的特性，如何在认定过程中能够实现可量化性、避免过多因素考量时存在“无法充分证明”等问题均须解决。故而，依托“完全赔偿原则”的理论架构，对已梳理的因素进行矫正纠偏，以使其具有可适用性，为形成违约赔偿金额的司法认定提供基本计算程式。

5.5.1 构建以三大主体为核心的评估要素适用模式

在网络游戏主播“跳槽”案件的分析中，一般涉及两大主体——网络游戏主播与直播平台。但在对该类案件认定最终违约赔偿金额时，由于互联网行业的特性，不可避免涉及“用户”这一群体，网络游戏直播平台与游戏主播签约时，所约定的违约金不一定与当下收益相匹配，更多考虑在合同期限内主播所吸引的用户与人气上涨等，游戏主播粉丝黏性较大时，若在合同期限内出现“跳槽”行为，对原平台的损失会更大。基于此，在融合评估要素进行矫正后，适时提出以三大主体为核心的评估要素计算或适用模式，以避免理论与司法适用的错位。

1. 适时评估网络游戏主播自身价值

作为损失一方的依据，不同主播的影响力有所不同，是作为前提性要素出现，对其他要素的判断具有重要影响。这一要素考量的重要性在主播与平台签订合同之初便可见其端倪。

在对其计算程式进行分析之前，首先需要明确，网络游戏主播价值与法律地位是两个层面的问题，对于后者的探讨多是涉及两方主体，即网络游戏直播平台与主播之间的法律关系如何界定，在互联网新业态出现的背景下，对传统劳动关系认定的突破，需要结合个案对双方法律关系进行明晰；就前者而言，对于“主播价值”在讨论网络游戏直播著作权相关问题时常有涉及。但作为同一领域内的不同问题，对该要素的考量应持有更为合理妥善的态度，主播自身的价值在该领域发展中体现得淋漓尽致。事实上，在对其他诸多因素进行比较分析的过程中，难免会提及“主播价值”这一概念，其本身作为前提性要素存在，尤其是原游戏直播平台在衡量自身损失，或目标平台在选新主播时，都会考虑主播价值。

2. 将用户价值评估报告作为证明损失的依据

针对“用户价值”的评估，有关研究借助 AHP 用户价值评估法，从定性到定量地细化分析，对这一要素进行相对合理的计算。在之后更多异质性人力资本违约的案例或将攀升，这也迫切要求探寻恰当的评估体系。在一定程度上有助于减少自由裁量空间的过度扩张，也利于规范网络游戏直播行业中“肆意跳槽”导致的行业乱象。

具体言之，证明损失的证据提交时，以江海涛与虎牙直播平台的判决为例，法院认为:“互联网企业”“用户”“流量”在其发展与取得竞争优势过程中占据举足轻重的地位，这是与传统企业显著不同的特点。流量、用户是互联网企业得以生存发展的关键所在，通过吸引用户，获取流量并实现“流量变现”，从而支撑企业盈利发展。游戏主播经直播平台的培养、推广，利用平台资源实现知名度提升，如此本应严格依合同履行直播义务，但在合同约定的服务期内擅自到有竞争关系的平台进行直播活动，导致原平台的前期投入化为泡影，并造成用户流失。用户在互联网企业中的价值不言而喻，用户估值可查，虎牙作为上市公司下的直播平台，单用户估值较高，江海涛的违约行为导致虎牙用户流水量巨大，从原告提供的报告来看，江海涛在本平台直播前后的人气变化，有充足理由表明，人气主要来源于虎牙直播平台，用户流失直接给虎牙造成巨大损失，此外还会造成虎牙公司基础用户与用户关注度下降等损失。

在江海涛一案的纠纷解决中，原告虎牙公司向法院提交了评估报告，但二审法院认为其提交的报告仅为单方面委托，报告中的数据未经质证。且该次评估亦并非是江海涛离开虎牙公司直播平台后，针对虎牙公司的损失、可得利益等做出，因此对该份评估报告，二审法院并未采纳。但是，评估报告对法官而言在判定高额违约金的过程中具有很重要的影响，尤其是在争议焦点较大或者涉案数额较大的案件中，目前大数据的广泛应用，也为之后评估报告的提交提供更为准确的思路。

在确定最终判赔额时，最初的举证责任关键在平台一方，平台就违约金与主张的损失金额的匹配上往往做出诸多努力，而平台发展本身的特殊性与快速变化的发展特性，会带来计算上的难度，这也提醒网络游戏直播平台在前期设置违约金条款时，应尽可能将对主播的资金投入以及资源倾斜予以量化、明确，在合约履行过程中进行动态关注与信息跟进，从而在出现潜在诉讼时及时出示相应证据，以追求更为接近心理预期的判赔额，更大程度上减少对平台的负面影响。

3. 应重视认定原平台的可得利益

互联网行业的竞争激烈性在前文中已经有所论述，平台之间为了避免损失的出现，在与主播签订的协议中就会明确高额的违约金，这一协议条款的出现也是原平台基于本行业竞争模式的考量，主播作为违约方，造成用户流入竞争平台，从而导致前期收入、后续利益、市场份额的损失，甚至对公司的整体运营产生影响，所以在进行违约金额的认定时，理应将可得利益考虑在内。换言之，对于违约金的计算不应当仅停留在对已有损失的衡量上，还要考虑到平台整体估值的降低、可得利益的损失。作为互联网企业，直播平台前期投入成本培养主播，中期还需要进行推广、广告宣传等工作，后期还需要为主播的进一步发展深入投资。主播跳槽到与原平台有竞争关系的平台，基于观众与主播之间的关联性，很大可能就是大部分主播随之去其他平台，原平台流量流失。

可得利益在司法实践中一般主要包括生产利润损失、经营利润损失以及转手利润损失等类型。[①] 判断可得利益是否可获赔偿的具体条件为具有可计算性、一定的确定性、可预见性以及一定的因果联系性。[②] 由于可得利益所带有的不确定性，如何进行合理认定就需要进一步探析。在学界主要存在两种切入路径，一是就证明标准层面，二是就实体认定的类型化分析层面。一方面，通过降低平台的证明责任，区分事实与具体金额的证明，将证明标准定于平台通过对可得利益的相关事实予以证明即可；另一方面，由于可预见性规则中以“理性人”标准进行判断可操作性较低，比较而言，规范的目的更易确定，即主体、内容与损害方面综合考虑，以确定认定可得利益的裁判依据。[③]

5.5.2 深入分析合同基本利益结构

对违约金合理性的判断，应当立足于行业健康有序发展，并从营造良好与理性的市场竞争环境方面去考虑。虽然约定高额的违约金在一定程度上，或可能对这种无序、非理性的竞争起到短暂的约束作用，但是相应地也可能妨碍了网络直播行业内主播的合理流动。同时，“跳槽”主播个人或其背后的“挖角”平台，均可能因高额违约金而背负巨大的经济压力，甚至影响直播平台生存与发展。[④]

在前期大量案例梳理分析后发现，违约责任的轻重与游戏主播的影响力一般成正相关。合同订立后，因游戏主播符合完全民事行为能力人的认定标准，是所有当事人的真实意思表示，且不属于法律规定的无效情形，为合法有效的合同，各方均应严格遵守。在案件中，合同签订之后与被诉违约之前的这个时间段内，游戏主播均未对所签订的合同中的违约条款提出异议，而进入诉讼阶段之后，又以签约能力不足提出异议，以签约时较之游戏直播平台处于劣势地位而进行抗辩，其产生的司法效果是很薄弱的，往往不会产生对抗合同效力的结果。

回归司法实践的需求，法院在认定最终违约金额时通常采用违约金酌减规

---

① 杨新忠：《最高人民法院商事裁判规则详解》，人民法院出版社 2015 年版，第 282 页。

② 姚明斌：《〈合同法〉第 113 条第 1 款（违约损害的赔偿范围）评注》，载《法学家》2020 年第 3 期。王利明：《民法典合同编通则中的重大疑难问题研究》，载《云南社会科学》2020 年第 1 期。

③ 徐建刚：《规范保护目的理论下的统一损害赔偿》，载《政法论坛》2019 年第 37 期。

④ 参见上海市静安区人民法院（2018）沪 0106 民初 37963 号民事判决书。

则，如表5-2所示，从利益平衡理论出发，在最终违约金调整上应持审慎态度，不宜轻易否定游戏直播平台与主播之间的约定，而应以尊重当事人自治为原则，依托当前新业态下游戏直播行业的特性，结合协议当事人之间的法律关系、违约程度等因素确定最终判赔额。

5.5.3 融合评估要素推演最终网络游戏主播“跳槽”违约赔偿金额

平台损失的具体构成以及赔偿金额的确定，是主播跳槽违约司法认定的核心内容。游戏直播平台的收入结构相对来说比较固定，三大收入来源主要是用户打赏、广告收入以及游戏联运，其中，用户打赏是游戏直播平台最大收入来源，占比平稳保持在接近90%的水平。[①] 主播有其个人的直播风格与技术，再加上平台对主播进行包装、推广宣传，其知名度会得到提升，从而为平台带来收益。游戏直播行业中，不同水平的主播之间收入差距较大，根据《2019年游戏直播行业研究报告》，2018年游戏直播平台收入前1000名的主播礼物收入总和占总体礼物收入的63%，排名前10的主播收入总和超过10亿。[②] 所以，在判断主播造成的损失方面不应采取“一刀切”的模式。事实上，即便主播在协议到期之后进入另一平台进行直播活动，对于原平台也会造成一定的损失，因此协议中一般都会约定原直播平台拥有优先续约权。对于损失的构成，主要有两种观点，一种认为主播违约跳槽这一行为性质恶劣，对整个行业产生不良的影响，对原平台造成极大的损害，主要表现为用户的流失，比如江海涛跳槽到斗鱼直播平台，自在斗鱼直播平台开播以来，虎牙直播平台的日活跃用量显著下降；另一种认为，主播跳槽导致原平台的损失，事实上是平台本应依据合同的履行可期待获得的，即预期利益。

1. 将与签约目标平台的年合作酬金作为损失计算基准

以年合作酬金作为计算基准在司法实践中确定此类案件的判赔额是不需争论的，但因存在两种来源，一是以与原平台的合作酬金为基准，二是以“跳槽”所至的目标平台的合作酬金为基准，在实质上并无差异。但是本书探讨的毕竟是涉及具体违约赔偿金额，且游戏主播随着直播能力的提升，酬金也会发生相应变化。因而，在起诉时这一时点，游戏主播的价值与合同中所约定的合作酬金会存在出入，实际情况中，主播“跳槽”其后的原因很大一部分是目标平台抛出的高额酬金“橄榄枝”，以与目标平台所签订的年合作酬金作为计算基准更符合当时时点下的主播价值体现。

---

① 艾媒报告：《2019Q1中国在线直播行业研究报告》，https://www.iimedia.cn/c400/64226.html，2020年12月15日访问。

② 艾媒报告：《2019Q1中国在线直播行业研究报告》，https://www.iimedia.cn/c400/64226.html，2020年12月15日访问。

因具体损失难以明确界定,这也造成了当事人在举证时的困难,而以与目标平台约定的年合作酬金作为基准,在证据层面上也具有可取性。此种证据的提取一方面具备现实可能性,即该证据的提取可直接通过游戏主播与目标平台所签订的合同加以确认;另一方面具有可量化性,相较于以游戏主播通过直播活动所获得粉丝礼物等提成收入,以年合作酬金作为计算基准更具可量化性与确定性。

2. 将“约定法”作为平台可得利益的计算基准

可得利益的丧失所指向的是当合同履行后可以获得的利益的无法实现,具体言之,是机会利益的遗失。[①]该诉求获得支持的前提之一即为该利益应当具有“可预见性”,协议内容在这一因素主要表现为,游戏主播在签订合同时已经预见该合同履行与否会给双方带来的利益或损失。在事实层面上,可得利益的赔偿仍要受到事实因果关系的限制,即以双方“约定”的内容对可得利益损失的计算进行最终判定。此外,在条件相同情况下,以“对比法”或“差别法”的方式判断其所获利益与最终可得利益损失之间的差额。尤其是在网络游戏主播“跳槽”这类案件中,普遍会面临“具体数额难以精准计算”的情况,此时便可结合案件的具体情况,在判赔额中充分考虑可得利益这一因素。《最高人民法院关于当前形势下审理民商事合同纠纷案件若干问题的指导意见》第十条中,可得利益的计算程式大致可以表示为“可得利益=守约方主张的可得利益总额-违约方不可预见的损失-守约方未尽减损义务而扩大的损失-守约方因违约所获利益-守约方亦有过失造成的损失-必要的交易成本”。[②]

“约定法”是当事人之间事先对可得利益赔偿额计算进行了约定,为可得利益损失赔偿额的确定提供了便利,同时也是当事人意思自治的体现。合同因违约解除而未实际履行的情况下,精确计算合同若履行之后的可获利益,

① 刘宇晗:《我国民法典合同编中完全赔偿原则之证成》,载《西部法学评论》2019年第3期。参见中华人民共和国最高人民法院(2020)最高法民申734号民事裁定书,“最高法院:即使合同解除,还可以要求对方赔偿预期可得利益损失(详细规则),如在因违约方违约导致合同解除的情况下,将损害赔偿范围仅限定于守约方因对违约而产生的损失,不将可得利益损失纳入其中,显然将会在一定程度上鼓励甚至纵容当事人违约行为的发生,亦不符合合同法关于赔偿可得利益损失的立法初衷。”

② 参见《最高人民法院关于当前形势下审理民商事合同纠纷案件若干问题的指导意见》第十条:人民法院在计算和认定可得利益损失时,应当综合运用可预见规则、减损规则、损益相抵规则以及过失相抵规则等,从非违约方主张的可得利益赔偿总额中扣除违约方不可预见的损失、非违约方不当扩大的损失、非违约方因违约获得的利益、非违约方亦有过失所造成的损失以及必要的交易成本。存在合同法第一百一十三条第二款规定的欺诈经营、合同法第一百一十四条第一款规定的当事人约定损害赔偿的计算方法以及因违约导致人身伤亡、精神损害等情形的,不宜适用可得利益损失赔偿规则。

相对而言较为困难。司法实践中法院会根据案件的具体情况采取差额法、类比法、估算法以及综合裁量法等方法来确定守约方的可得利益，其中，综合裁量法一般是在其他计算方法无法适用的情况下使用。[①] 在网络游戏主播“跳槽”案件中，主播与平台在合作过程中会视合作情况签订补充合作协议，作为后续主播发展的培养方案，会对后续发展以及与其他合作平台的合作内容进行协商。以“约定法”计算具体赔偿数额时，在证据层面上可以充分利用平台与合作方所签订的合同，而该合同是否已被主播所知晓应作为其是否被作为证据采纳的重要依据。这主要是由于在游戏直播行业中，当游戏主播发展相对成熟时，平台会对游戏主播进一步曝光、培养，以提升其知名度，在与合作方签约时会与游戏主播进行事先协商，不仅是合作意向层面，也包括对依协议所取得收益的协商。对违约可得利益的认定涉及举证责任分配与证明标准制定，在司法实践中一般以“确定性”作为标准，司法实践中对该标准的要求较高，守约方需要承担证明该利益是可获得的证明责任，以主播与平台间的约定可以直观就平台方的可得利益进行认定。

3. 实现主播报酬发放标准的透明化、确定化

基于平台欠薪这一问题的存在，主播的薪酬发放问题在实践中引起诸多讨论，原因在于平台欠薪问题存在的原因与主播的薪酬发放具有关联性。事实上，主播之间的薪酬差距很大，一般而言，主播报酬通常包括基本报酬（底薪）、激励以及分成三大部分。基本报酬的具体数额与主播的签约档次有关，签约档次以其获得礼物或携带的流量有关，依据在协议中约定的考核标准，判断主播是否达到相应的直播标准并在基本报酬中得以体现；激励的数额更加体现主播个人的努力，符合要求的主播就会得到一定的激励性收入；打赏分成与主播的个人能力有很大关联，主要来源于用户打赏，平台将虚拟道具转化为主播的经济收入，提取平台或者（和）经纪公司的提成后，结算为主播收入。基本报酬具有确定性，但虚拟物品收益分成这部分收入就具有“可暗箱操作性”，原因在于这部分收入需要进行“变现”，而具体标准的解释权都落入平台手中，这也导致平台发放礼物分成时极易与主播产生争议。

由此出发，基于这一行业的盈利模式，人气成为劳动考核的重要指标，[②] 具体而言，签约主播的基本工资并没有统一标准，其分成比例成为平台之间竞争的工具，其薪资制度又是基于考核标准进行制作，“时长”很有可能被平台进行操纵使其去标准化。相应的人数被平台操控，信息不对称也会导致利益向平台倾斜。所

---

① 贺小荣：《最高人民法院第二巡回法庭法官会议纪要第一辑》，人民法院出版社2019年版，第15页。

② 徐林枫、张恒宇：《“人气游戏”：网络直播行业的薪资制度与劳动控制》，载《社会》2019年第4期。

以客观上基于对主播利益的保护，应当实现信息的可查询与客观化，再者，为了避免纠纷的不可计量化应当将薪资标准的计算方式予以统一，在行业内设定相对确定的薪资计算标准，包括对于基本薪资的计算。

如此，一方面利于主播对自身薪酬情况及时了解，另一方面也有助于法院在解决涉及平台与主播违约纠纷时，可以直接就当事人所提交的薪酬证明予以采纳，便于法院更好地了解游戏直播行业的发展现状，更为妥善地对案件做出审理。总而言之，自 2019 年以来，网络游戏直播行业发展步入成熟期，平台之间的竞争与离场不断刷洗着这个行业，也为其带来前所未有的发展活力。但也应当注意到，在发展活力持续迸发的背景下，平台之间的竞争愈发激烈，作为平台“资源”的主播承担着更为重要的角色，主播与用户之间的关系十分紧密，“流量变现”成为其主流盈利模式。主播在合同履行期间肆意更换平台所带来的行业乱象引起人们的广泛关注，如何看待这一现状以及应如何予以规制这一系列问题迫切需要解决，而这一新业态所产生的商业模式冲击着传统司法实践规则，协议性质应如何认定以及如何正确看待平台与主播之间的“高额违约金”就成为热点关注的话题。

高额的违约判赔额是对主播肆意“跳槽”、更换平台的外在规制手段，也是目前较有成效的方式，如何使其更具合理性、确定性就需要在司法认定的过程中“把好关”。通过借助扎根理论的质性研究方法，实现从模糊概念到考量因素的确定化，完成考量因素的理论饱和度检验。然而，对网络游戏主播“跳槽”违约赔偿金额的认定并非是考量因素的独立运行，构建起以三大主体为核心的评估要素适用模式是前提，在此基础之上实现合同基本利益结构的妥善分析，体现对双方合意的尊重，最后落脚于对考量因素的矫正，抽丝剥茧、层层深入，形成网络游戏主播“跳槽”违约赔偿金额的司法认定模式。当然，仅仅依靠法院的力量去扭转整个行业的发展乱象未免过于理想化，在司法认定层面上注重于事后实现利益平衡，网络游戏主播违约更换平台所导致的行业秩序的破坏，最根本的还是需要形成良性的商业模式，同时在事后司法认定过程中实现相对确定的认定模式，两者共同实现对网络游戏直播行业竞争秩序的规范。

第 6 章

网络涉恐信息传播治理

在网络内容安全治理领域，法律治理不是单指运用法律规范的治理，而是作为一种治理理念和机理的体现，凸显综合运用和发挥法治、德治和自治的积极作用，协同治理、多元共治，最终实现网络内容安全治理领域的良法善治。法律治理是指“依据国家权力机关依法律程序制定的法律规则，政府、社会、市场等存在利益分化的多元主体通过合作、协调与互动的方式，实现共同利益与促进社会发展目标”[①]。仅就法律规范的制定和运用而言，法律治理规范来源的多层次性及灵巧治理特点也体现得淋漓尽致，在这一领域存在效力位阶不同的法律规范，而且存在大量的效力位阶低但却起着指引治理实践的操作性规则。此外，还存在跨部门法的特点，牵扯到民法、刑法、行政法、经济法乃至国际法等多个部门法。换言之，单一的部门法资源和调整手段难以达到网络内容安全的治理目标。

6.1 网络时代涉恐信息传播形态的演变与趋势

网络和通信技术的发展加速和扩展了涉恐信息的传播，这为追查和惩处带来了困境，也为已有监控和监管方面的法律制度带来挑战。认识网络时代涉恐信息的生成和传播机理，对于构建网络涉恐信息法律治理体制机制具有现实意义。有研究基于信息技术发展的演进，分析认为网络恐怖主义的演进可分为三个形态：即单项信息传播形态、交互式信息传播形态、定制式信息传播形态。[②]本研究认为在互联网技术变化更迭的时代，难以简单地通过 web1.0、web2.0、web3.0 这样清

---

① 张敏、马民虎：《企业信息安全法律治理》，载《重庆大学学报（社会科学版）》2020 年第 26 期。

② 万婧：《“伊斯兰国”的宣传》，载《新闻传播研究》2015 年第 10 期，第 106 页。

晰地区分出网络时代暴恐信息传播的形态演变,尤其是web2.0和web3.0发展间的界定并不能完全清晰地进行区分,故采取单项传播和交互式传播形态两种分类方法揭示网络时代暴恐信息传播的演进与发展形态。

6.1.1 网站式的单向传播

受制于信息发展的限制,此阶段主要通过设立网站的方式实施信息传播,且多以文字形式为主。一些恐怖组织均纷纷设立相应的网站,诸如安萨热圣战者、引路者、Azzam.com等网站,这些网络设立的主要功能在于通过大量动态的在线演讲实施通信、筹款、宣传、招聘和培训任务,并辅以线下的培训手册来补充上述互联网的功能。有研究分析涉"疆独"的恐怖组织网站指出,这些网站主要分布在西方国家,如日本、加拿大、法国、澳大利亚、荷兰等欧洲、亚洲、大洋洲和北美洲地区。① 有研究对20世纪90年代至21世纪初对此阶段网站的统计分析数据显示,早在2005年传播暴恐信息的网站已达到4300个,而1998年左右约15个。②

6.1.2 交互式信息传播阶段

交互式信息传播阶段是当前境内查处的主要的网络传播途径之一。互联网技术实现了交互式信息传播技术的发展,形成以分享为特征的实时网络,并可实现在不同网站上使用。恐怖组织可以通过互联网实现与全球观众、同情者、媒体和公众交流,故依托此技术发展的交互式、共享式传播平台成为恐怖组织和恐怖分析传播暴恐信息的选择。随着云计算的发展,很多网络服务商为上网用户提供云存储,用户在互联网上可以拥有自身数据,并实时进行转发、分享。此阶段以后的暴恐信息大多以音、视频的形式进行大量的发布。这是一段时期内利用网络传播暴恐信息的主要传播和扩散路径。

"三股势力"的"信息流、资金流、知识流等大都以互联网为载体,除了普通网站、社交软件等,还使用安全性能更高的多重加密软件作为组织沟通和协作平台,甚至直接将阵地转入暗网中"③。从长期发展来看,通过互联网应用的互动式传播模式将成为暴恐信息传播的主流,并将长期影响反恐去极端化工作,而这还是大多数人不能接触和使用Google、Facebook、YouTube、Twitter等域外商业应用的情形。此外,在严打高压态势下,不排除利用网站、存储介质等单向度传播模式,甚至其他一些更为传统的暴恐信息传播途径的重新崛起。目前,手机已成为"万物

---

① 赵国军:《新媒体时代"疆独"网络分裂主义及其治理》,载《广西民族研究》2015年第2期。

② Weimann G, Terror on the internet: The new arena, the new challenges, Mrs Online Proceeding Library, 2004, 932(5): 330.

③ 王雪莲:《总体国家安全观视域下新疆宗教极端主义治理问题研究》,中国人民公安大学2020年硕士学位论文,第53页。

物联”的重要基础。[1] 于是，一段时间内依托智能手机的暴恐信息的存储和传播成了暴恐信息宣扬、传播的主要途径，尤其是伴随着互联网成长起来的 18～30 岁的青少年群体成了暴恐信息蛊惑、煽动、传播的主要对象。

6.1.3 网络时代涉恐信息传播的发展趋势

网络暴恐信息已成为线下暴恐信息传播载体的重要来源。在危害国家安全类犯罪案件中，网络传播的暴恐信息被大量在线下制作成光盘、出版物，然后通过手机、MP3、光盘存储和播放。

首先，利用互联网传播暴恐信息依然会是恐怖组织实施网络恐怖主义的重要选择。恐怖组织通过互联网传播形态招募了大量追随者，其中不乏拥有高学历、掌握互联网信息技术的技术人员，其在暴恐音视频的制作方面运用先进的媒体制作技术，且运用为先进，甚至一流的制作设备。“相比对计算机网络系统的直接攻击，更多情况下，网络被恐怖分子或组织用作进行常规的、非破坏性的活动手段和工具，如建立恐怖组织网站以及社交网络账号进行恐怖信息发布、宣传和人员招募，通过电子邮件以及手机应用软件传输恐怖组织刊物和信件、协调计划以及组织恐怖活动等。”[2]

其次，暴恐信息多语种状况将持续，且语种趋向扩张性。据了解，传入中国境内的暴恐音视频信息语种包括英文、阿拉伯语、维吾尔语、德语、土耳其语、中文等多语种。Web2.0 时代，暴恐组织更多依靠和运用互联网、社交媒体等网络技术。[3] 例如：伊斯兰国在中东和非洲设有中央媒体指挥办公室、附属媒体办公室和省级媒体办公室。2014 年 5 月建立的“Al-hayat Media Center”定期与不定期地发布配有英语、德语、俄语、意大利语、法语、印度尼西亚语、普什图语和土耳其语等语言的字幕，包含伊斯兰国领导人讲话、斩首等内容的视频和图像。伊斯兰国还出版了英文杂志《大比丘》（DABIQ），研发了自己的智能手机应用程序（APP）——“The Dawn of Glad Tidings”。[4]

再次，制作暴恐信息的素材更为丰富。暴恐信息传播的内容或者素材越来越丰富。央视纪录片《谎言包装下的“迁徙圣战路”》显示，很多暴恐视频并非真实

---

① 参见中国互联网信息中心（CNNIC）第 41 次《中国互联网发展状况统计报告》。

② 蔡翠红、马明月：《以“伊斯兰国”为例解析网络恐怖活动机制》，载《当代世界与社会主义》2017 年第 1 期。

③ Web 2. 0 时代的网络恐怖活动机制主要包括六大方面，即网络宣传与认知构建、广泛撒网与精确动员、行为暗示与行动指南、暴力展示与恐怖效果、敲诈勒索和网络融资、虚实威胁与非对称优势。

④ Donna Farag, From Tweeter to Terrorist: Combatting Online Propaganda When Jihad Goes Viral, American Criminal Law Review, 2017, 54 (3) : 843-884.

视频，大多是伪造而已，或者网络抓取的一些图片、视频通过海量的网络信息，利用剪接等信息技术编造、伪造、篡改、扭曲、歪曲制作而成并发布，甚至制作出各类暴恐活动场景，诸如“占领”或“解放”某个点，各战争场景等。纪录片通过参与宣传的人员证实，这些伪造的信息内容的发布和传播不过是为了招募成员、宣扬宗教极端思想和暴恐思想而已。另外，在内容上，更多的是宣扬愿景和美德，与战争、屠杀和血腥无关，甚至使用自由、平等等话语，从而更加接近受众群体自身的文化语境，更加具有诱惑性和接受性。这也是受众细分和内容细分的产物，即根据年龄、性别、地区、受教育程度等要素量身定制宣传内容。这就不排除一旦技术上获得突破或者监管漏洞被其利用时，其可以根据特定传播对象的信息偏好，个性化地点对点精确推送信息。

最后，制作暴恐信息的技术将随着信息技术的发展而持续更新。在网络时代，信息技术日新月异。显然，暴恐组织同样意识到先进技术应用在暴恐信息制作、传播方面的价值。制作暴恐信息的技术在不断更新，其为暴恐信息制作的精良性提供了可能，画面更加清晰、内容更加丰富、语言更加多元、音效更为逼真，这均有大量先进技术的应用有关。恐怖分子制作暴恐信息的设备和水平均在不断提高，会应用目前信息技术发展领域最先进的设备和最先进的技术。这也说明在一些暴恐组织中，一些高精尖的技术人员亦参与到暴恐信息的制作中，这为打击暴恐信息的传播带来了障碍。网络恐怖活动体现了紧跟技术潮流的特点和趋势，对网络技术和社交媒体的运用“已经超越了 Web1.0 的信息单向传递和 Web 2.0 的交互传播阶段，进入 Web 3.0 的个性化内容定制层次”①。

总体而言，互联网平台和各类依托互联网技术的媒介已成为暴恐信息传播的主要集散地和传播的主要途径，暴恐组织利用互联网传播宗教极端思想和制爆技术，煽动宗教狂热，诱发实施暴恐活动。暴恐组织深谙现代传播理论，甚至建立自己的对外宣传和传媒中心，进一步走向专业化、技术化，以提升和美化自身的外部形象，寻求价值认同、传播思想和聚集资源。②一些犯罪分子就是受暴恐信息传播的极端思想影响，通过网上受教，继而实施暴力犯罪活动。这已成为威胁国家网络内容安全，尤其是一些特定区域社会稳定和长治久安的主要因素，警惕暴恐信息网络传播所带来危害具有紧迫性和现实必要性。然而，网络传播特性一方面加大了追查和惩处暴恐人员的难度，另一方面也弱化了立法的威慑效果，成为网络内容安全治理面临的重要问题。

---

① 万婧：《“伊斯兰国”的宣传》，载《新闻与传播研究》2015 年第 10 期。

② 王一帆、梅建明、高贺：《“伊斯兰国”宣传策略分析及抑制措施》，载《云南行政学院学报》2016 年第 6 期。

6.2　网络时代涉恐信息传播治理的困境

内容安全是网络信息治理的重要内容，但“技术鸿沟”似乎是有害信息治理中始终无法逾越的障碍，网络传播的开放性和便捷性强化了有害信息的“公害性质”，基于危机治理的“先验经验”在有效解决网络时代暴恐信息传播方面亦面临困境。从实践层面来看，“暴恐信息”网络传播同样面临传播速度快、方式隐蔽及涉及范围广方面的问题，这也表示防控暴恐信息网络传播面临多元化的技术和管理困境。

6.2.1　互联网加速了“暴恐信息”的传播和扩散

“东突”等恐怖组织通过网络进行媒体外交，歪曲解释中国打击恐怖分子的政策，并制作成反动音视频在境内进行传播。这些虚假信息被进一步加工、篡改、利用，从而成为歪曲事实、恶意攻击我国党和政府的工具。在 Web2.0，乃至 Web3.0 时代，推特等社交媒体平台成为暴恐事件舆论传播的主要平台，“转发带来的集合数量的裂变传播在暴恐袭击发生后都会引起强烈的舆论旋涡，推动网络舆情在新方向、新格局上的发展”[①]。一些境外暴恐组织推出了自己的移动互联应用、加密通信手机软件（Alrawi）、网络游戏，甚至利用网络游戏、playstation4 游戏平台作为组织策划暴恐活动的工具[②]，这都增大了监管执法部门发现和查处的难度。

大量的事例和案例反映了互联网时代暴恐信息的传播特点，互联网放大了暴恐信息的传播效果并为暴恐信息的制作和传播提供更加丰富的工具。涉恐信息利用互联网而形成境内境外、线上线下的传播网络。如果仅仅看到经过严打后，用网盘、SD 卡等存储传播暴恐音视频的现象基本没有了，就以为互联网在暴恐信息制作传播中不起作用了，这其实是被现象遮盖本质的表现。应当透过现象看本质。在网络时代，“三股势力”运用互联网传播暴恐信息不仅不会消亡，甚至有可能增长。事实上，一些境外恐怖组织，如伊斯兰国、基地组织、东伊运等，不仅在利用互联网上的商业应用传播暴恐信息，而且有自己的宣传队伍、媒体中心，甚至能够多语种发布音视频，而且深谙现代媒体传播技术和理论，并服从和服务于多元目标，如招募人员、获得认同、组织暴恐活动、筹集资金等。所以，不得不对这些制作传播暴恐信息的手法有所认知，并高度警惕其在不同暴恐组织间的扩散。此外，在内容上，暴恐信息未必表现为鲜血淋漓，甚至会以更加温情脉脉的表达。推特上注册名为“伊斯兰国猫咪”（Islamic State Cats）的账号，主要展现成员在战场上

---

① 李丽华、韩思宁：《暴恐事件网络舆情传播机制及预防研究——英国典型案例的实证分析》，载《情报杂志》2019 年第 11 期。

② 周正、郑楠：《网络涉恐信息特征分析研究》，载《网络安全技术与应用》2020 年第 6 期。

和生活中偶遇并收养的猫咪。[①]这一传播策略使其能够获得更多转发，一些人可能是无意的，只是出于对猫的喜爱，而另一些人则心知肚明地坦然从中获取"伊斯兰国"意图让受众获取的附带信息。这类账号和内容比较中性，未必会违反监管政策，因而有可能在网络上长期处于活跃状态。在话语策略上，也会利用西方主流话语或者国内外热点制造舆论，争取人心和认同。年轻一代会更加熟悉和熟练地运用这些技巧和策略。相对于老一代，他们拥有更强的学习能力，更加熟悉网络生态，更加理解不同群体、阶层的需求，也更加掌握现代传媒技术和理论，甚至更能老练地使用主流话语从而更具有国际性和本地适应性。[②]

技术专家和法律专家都倾向于使用"虚拟性"来概括网络结构的特征。然而，网络社会的交互方式不可能脱离现实社会，二者之间还存在相互映射关系。从这个角度来讲，虽然"暴恐信息"的网络传播过程属于"虚拟层面"的价值表达，但是基于网络的"社会连接"功能而言，这些内容的传播又会对国家安全和社会稳定产生现实危害和后果。网络行为的匿名性、虚拟性、开放性、分散性与不对称性进一步凸显了网络的异质性。虚拟社会主体基于互联网"所有人对所有人的传播"特点，可以迅速凝聚共识、煽动情绪、诱发行动、影响社会，最终形成一个特殊的群体，或通过"博客""微博"等以个体形式出现，或以"市民QQ群""社区"等群体形式存在。一些不法分子正是发现了网络传播的快捷和广泛，才借助互联网进行"暴恐信息"的传播，并以此为契机巩固民族分裂主义势力的根基，实施民族分裂思想渗透，组织恐怖组织活动，教唆、煽动群众，危害国家的政权稳定和社会安定。而互联网自身的传播速度快、传播自由度高、匿名、分散等特性使得暴恐音、视频难以得到有效控制，上述特性也削弱了法律的权威与实施效果。

6.2.2 互联网技术日新月异加大了追查和惩处暴恐人员的难度

新一代网络技术以物联网与云计算为代表，核心网的云化使设备维护远程化，追踪和定位难度加大，此外，由于知识产权问题难以从底层实现对空中接口的加密控制。当前，尽管网络和用户间的双向认证已经成为现实，可仍然无法解决否认、伪造、篡改和冒充等难题。"互联网具有抵御控制的技术特性"[③]，以往的信息治理方法一般以信息审查和过滤技术为基础，然而在网络环境下通过信息隐藏和形式变造来避开这些技术并非难事。例如，利用不同语种的切换或在字符间增减符号的办法，都能够避开一般网站的信息过滤。除此以外，加密技术在通信领

① 宋宁宇：《我调戏了伊斯兰国的猫》，https://www.jiemian.com/article/376037.html，2021年8月2日访问。

② 王瑞华：《新媒体信息传播的问题与法律规制》，载《传媒》2018年第8期。

③ 皮勇：《网络恐怖活动犯罪及其整体法律对策》，载《环球法律评论》2013年第1期，第10页。

域的大面积应用也为暴恐分子提供了便捷。密码通过特定算法把明文信息转化为密文，从而确保信息内容不被未经授权的第三方所知，这使得合法拦截或监听等执法活动遭遇阻碍。“司法机关采取的技术措施也被认为在效果上非常有限”[①]，实践中时常无法查到源头，取证困难，这些都给治理和打击此类违法犯罪活动带来挑战。一些反动网站的端口设在境外[②]，超越国界的网络让境内对暴恐案件的处理处在被动，能够利用的技术手段有限。“东伊运”等暴恐信息发布者通过国际互联网监管的漏洞和互联网信息自由流动的特点，将暴恐信息藏匿于一些境外知名网站的视频或者交流平台来躲避打击，致使境内打击无法封堵境外源头。此外，发布者通常通过变换名称来逃避封堵。

信息技术发展日新月异，实践中除了曝光的一些网站、常用的即时通信软件外，很多涉恐信息传播的通信软件在查处时候未曾听说也从未接触过，也非常用，这也为实践中查处暴恐信息传播带来一定困难。此外，加密传输手段的使用以及信息化水平的提高，也加大了发现和侦办的难度。反之，也对相关监管执法部门的技术水平、思想观念构成挑战。

暴恐组织使用一些能够隐藏用户身份以及防止被追踪加密浏览器，电子邮件如ProtonMail等，Wickr，Imessage以及俄罗斯软件公司开发的Telegram等具备“阅后即焚”和端对端加密通道的软件。实际上，暴恐组织制作传播暴恐信息的技术手段也是紧随技术发展趋势，并能够熟练使用社交媒体。换言之，暴恐组织及其成员可能也具有良好的“网感”，知道哪些软件、哪些内容更能够逃脱监管，更能够被潜在受众接收，更能达到传播目的和效果。不能因为利用 QQ 传播暴恐音视频的事件没有了，就认为基于互联网的暴恐音视频传播威胁就不存在了，它也许只是转移到了其他途径上去了。

大量煽动颠覆国家政权、煽动分裂国家、煽动民族仇恨、制造社会混乱的暴恐信息利用规避执法等办法在网络进行传播，而且，大多音视频由境外流向境内，仅仅依靠境内移除和拦截访问不可能从根本上解决跨境数据流动问题。[③]可以看出，技术发展的现实挑战成为制约法律治理暴恐信息网络传播的重要原因，也对相关问题的解决提出了更严格的要求。

另外，取证能力通常要求执法机构与其他政府实体以及网络攻击的受害者之间密切合作，以收集证据并共享威胁情报。如果网络攻击的受害者没有举报这些攻击并与适当的当局共享证据，那么执法部门将无法对网络犯罪分子提起诉讼。如果没有有效的机制共享来自私营部门和政府实体的信息，情报机构也将无法收

① 皮勇：《网络恐怖活动犯罪及其整体法律对策》，载《环球法律评论》2013 年第 1 期，第 11 页。

② 陈琪：《新疆网络安全监管之法律思考》，载《新疆社会科学：汉文版》2011 年第4期，第79页。

③ 皮勇：《网络恐怖活动犯罪及其整体法律对策》，载《环球法律评论》2013 年第 1 期，第 10 页。

集和分析网络威胁情报。执法机构和情报机构在没有适当程序的情况下确实存在对访问数据进行取证能力的限制。

6.2.3 制度适应性的有限性加大了“暴恐信息”治理的难度

法律治理被视为网络内容安全治理的重要手段，完善的法律制度是依法治理的基础。网络的开放性从根本上动摇了政府管控全部传输节点的根基，从某种意义上来说，暴恐信息的治理工作不能单纯依靠政府单方面的力量来实现，更加有效的合作和协助制度安排就非常必要。作为网络信息传输和提供的直接参与者，网络服务提供商具有无法推脱的社会责任，因而必须承担更加审慎的注意义务，为国家安全和执法机构提供必要的执法协助。再如，预警制度是在事前控制危机态势发展，降低暴恐事件发生概率的有效支撑。这些制度在立法层面的不足会弱化信息治理的效果。

网络安全关乎“社会稳定和长治久安”。暴力恐怖犯罪是指行为人以侵害他人人身和公私财产及社会公共利益为目的而故意实施严重危害社会一系列暴力恐怖行为，并且应当依法受到刑罚惩处的犯罪行为。互联网和各类移动存储媒介就像一把双刃剑，不仅给人们生活和生产带来便利和发展，同时也不得不谨防随之而来的各类网络安全问题和一些不法分子利用新型媒介而进行违法犯罪行为。暴恐信息传播正是对暴力恐怖犯罪行为的一种宣扬，违反了国家宪法、刑法等相关法律法规规定，是对宪法和法律的践踏。

《中华人民共和国国家安全法》《中华人民共和国反恐怖主义法》《中华人民共和国网络安全法》等法律，为我国反恐维稳及涉恐信息治理提供了基础性的法律框架。但仍要认识以下几点。

（1）网络社会并不完全类同于现实社会。网络社会不是现实社会在网络空间的“翻版”或者“投影”。在现实社会中发展起来的针对现实社会的法律治理经验和技术，不能完全适应和满足网络空间的治理需求。对现实社会的调控机制不能全然适用于网络空间，对网络空间的管控似乎不如对现实社会的管控那么得心应手，除非采取“断网”的手段，但这又不符合有效监管与促进发展的基调。而且在“断网”的情况下，不能排除一些传统的不是那么先进、技术色彩不是那么突出的途径的死灰复燃。

（2）网络空间的多层次性结构，涉及技术、内容、行为等领域。这些层次相互关联但又各有特点，在治理主体、治理手段和治理重点上会产生不同的要求。法律的稳定性、一般性和滞后性的特点，决定了单靠制定法不能满足网络空间治理对法律供给的需求。

（3）网络时代的暴恐信息传播在主体、对象、内容和目的方面，是有一定的地域性线。此外，去极端化、打击暴恐信息传播、反恐维稳等治理活动是整体性和紧密关联的，线上和线下交织的。因此，有必要在全国性法律框架下，针对区域性的治理目标、策略和需求，以地方立法及行政立法的形式，形成地方性的体系化的治理规范。此外，大多暴恐音视频的源头在境外，在国内严打的情况下，暴恐组织会更多依赖境外的互联网技术资源。这又会涉及“涉外法治”的问题。我国应当在“外空、网络、大数据、人工智能等新领域”以及“全球气候变化、环境保护、大规模传染性疾病预防、反恐、应对金融危机等众多领域”，提出普遍接受的建设性方案，增强我国在相关领域的话语权。[①] 另外，这还涉及我国法律的域外适用问题。在现实网络空间中客观存在借助域外网络对域内事件进行偏激性或虚假性评述的网络舆情乱象，需要不断加强各国的联动机制。

（4）技术变迁在不断重塑网络空间，也在重构网络安全的内涵，即从信息安全到数据安全再到算法安全。在总体国家安全观下，信息网络技术，尤其是构成核心和底层结构的算法并非技术中立的纯粹工具。[②] 物联网、5G、人工智能、区块链等新一代技术应用普及势必对网络暴恐信息制作传播活动产生影响，且也意味国家的相关法律体系尚须应对技术的变迁和挑战而不断调整更新。这是信息安全领域法律治理的一种常态，主要表现为低位阶规范总是处在变动调适当中。这就意味着，需要构建一个由多层次规范、标准、指引构成的规范性体系，方能克服法律固有的滞后性，而表现出更高的适应性和操作性。显然，当前的立法观念、立法技术和立法知识储备还不足以有效应对。“法律的数字化转型和改革势不可挡，网络安全保障尤其是关键信息基础设施保护从传统基于规则分析向基于数据威胁态势感知转变，合规遵从需求向威胁情报共享、主动防御理念转变，迫切需要建立完善网络安全漏洞规制、网络安全信息共享等法律体系，以提供法律支撑并细化规范内容。”[③] 同时，技术伦理和用网伦理对企图违法犯罪的网络利用者是没有或者缺少制约力的。

（5）网络空间信息内容安全治理涉及党委宣传部门、政法部门，以及中央、地方政府及其职能部门构成的多主体治理格局。这些党政部门之间的分工合作涉及职责权限的划分，需要法律加以明确。其次，各个部门都有一定的制令权和政策制定权限，一些主体甚至拥有立法权，有必要在高层级规范上加以统合，从而克服因政出多门而容易滋生的互斥抵消冲突削弱等效应，继而形成协调有效、权责明晰的网络暴恐信息治理规范体系。“目前我国互联网内容治理在法律政策方面

① 沈德咏、刘静坤：《加强涉外法治工作》，载《人民日报》2021 年 09 版。

② 杨蓉：《从信息安全、数据安全到算法安全——总体国家安全观视角下的网络法律治理》，载《法学评论》2021 年第 1 期。

③ 向继志、袁胜、马民虎：《〈网络安全法〉——推动“网络强国”建设的法律保障》，载《中国信息安全》2020 年第 6 期。

有待完善,尚难以回应持续拓展的网络内容治理的内涵与外延,但总体来看治理体系正处于逐渐优化完善之中。”①

(6)在严打高压态势下,纯粹的涉恐音、视频无论是存量还是增量都大幅减少,但仍然不能排除以其他的内容和形式表达,比如借助西方的主流政治话语和文化霸权主义,或者借助某些网络舆情,把自己打扮成解放者或者受难者的角色,并人为树立一个压迫者的形象,而达到撕裂族群和制造对抗的目的。“其他国家和敌对势力利用网络发布虚假信息,为散布反动言论创造了有利条件,让其借助网络舆情的非线性等特点煽动我国网民,国内政治制度造成威胁。”② 其在本质上与制造传播暴恐音视频的目的和效果没有根本差别,只是大合唱的不同声部而已,服从于同一根指挥棒。但这些话语却能够堂而皇之地进入公共话语体系和社交媒体平台,而那些正面的澄清的话语却可能被人为逐出,而不能得到发声的机会。那么,如何以一种扩大的网络安全观念来看待和应对这种现象,并提供相应的法律供给就是迫切的问题。

6.3 网络时代涉恐信息传播法律治理完善对策

网络时代暴恐信息传播的危害性是构成对国家整体安全的重大威胁,暴恐信息传播治理已成为网络内容安全治理的重要内容,坚决清除暴恐信息及暴恐信息传播行为,防止利用暴恐信息进行煽动勾连。这是法律治理暴恐信息传播的根本要求。

6.3.1 识别与预警:加强涉恐信息传播网络管控预警机制建设

1. 基于“积极预防与控制”理念推暴恐信息传播纵横预警机制

“防风险”依然是网络时代防控暴恐信息传播的重要环节。《中华人民共和国国家安全法》明确规定须健全风险监测预警制度。③ 从查处的暴恐信息传播事件来看,传播者亦不再局限于某个区域,范围在不断扩大。监测预警是获取暴恐信息传播情报的重要前提,也是治理暴恐信息传播的重要前提。已有网络内容

① 朱垚颖、张博诚:《演进与调节:互联网内容治理中的政府主体研究》,载《人民论坛·学术前沿》2021 年第 5 期。

② 徐翔、程骋:《我国网络舆情危机法律治理路径之新探索》,载《社会科学动态》2020 年第 4 期。

③《国家安全法》第五十七条:国家健全国家安全风险监测预警制度,根据国家安全风险程度,及时发布相应风险预警。

安全监测和预警主要针对病毒、漏洞、恶意软件、网络攻击等内容，对暴恐信息的专门性的监测和预警机制尚需加强。反恐法的有关规定明确提出须针对暴恐信息进行监控、预警、筛查等工作[①]，但并未明确各部门在信息监测预警方面的工作职能。

对暴恐信息传播应坚持“积极预防与控制”的法律治理理念。基于暴恐信息监测的特殊性，可考虑先在暴恐多发区域进行试点工作，依托特定区域网信、公安、各互联网管理单位、应急响应单位长期接触和治理暴恐信息的经验，先构建立体的省域监测通报与预警体系，重点提示对暴恐信息安全威胁的发现能力、预警能力、防护能力和反制能力。

加强反恐情报的分析研判。大数据有助于加强对恐怖分子动向的监测，出现异动后，相关部门可快速干预，及时阻止恐怖事件的发生。故应当建设反恐数据系统，利用大数据分析提升暴恐信息分析研判能力。反恐情报专门性法规应在纵向上架构地市—省—国家的三级反恐情报组织，搭建国家暴恐信息大数据平台。地市反恐情报中心负责接收处理本地区范围的暴恐信息情报，保证暴恐信息的实时性。暴恐信息经省级反恐情报部门审查后直接上报国家反恐情报中心。国家反恐情报中心统筹省市反恐情报中心工作，并向特定区域、反恐协作单位发出预警信息。国家反恐情报中心还需适度整合公安部门、国家安全部门、外交部门等部门以及地方部门搜集到的情报信息，重视同铁路、航空、互联网运营单位、应急服务单位、互联网安全企业等主体的信息共享，确保反恐情报信息分析研判获得足够的、精确的数据支持。

在横向上建立暴恐信息数据处理系统，提升数据的可靠性和高质量。发挥大数据和人工智能技术在暴恐信息发布和传播过程中的作用，将技术治理与法律治理相结合。精细化目标与治理工具随着科技的不断进步，技术层面的情报已成为情报的主要来源。获取技术情报的环境制约因素少，但对处理信息的技术方法要求较高，需要借助现代情报处理技术从数据中提取有价值的信息。目前，已有数据挖掘等收集和分析的大数据技术被应用于涉恐信息挖掘方面，为反恐预警、风险评估、舆情应对等反恐情报提供支撑。[②] 因此，要不断提高数据处理技术，以确保数据的完整性、时效性和广泛性，提高情报分析的效度和信度。这需要提升数

---

① 《反恐怖主义法》第四十七条：国家反恐怖主义情报中心、地方反恐怖主义工作领导机构以及公安机关等有关部门应当对有关情报信息进行筛查、研判、核查、监控，认为有发生恐怖事件危险，需要采取相应的安全防范、应对处置措施的，应当及时通报有关部门和单位，并可以根据情况发出预警。有关部门和单位应当根据通报做好安全防范、应对处置工作。

② 倪叶舟、张鹏、扈翔等：《大数据背景下涉恐信息挖掘方法综述》，载《中国公共安全（学术版）》2018 年第 4 期。

据处理技术能力和基础设施，增强对相关信息的筛查能力。暴恐信息研判能力不仅需要大量的数据，还需要数据具有可靠性，这是影响情报分析精准性的前提，提升数据的可靠性和质量是反恐数据情报系统建设的另一重要任务。这要求做好相关数据库的维护工作，既要确保数据的完整性、准确性，又要确保数据的实效性，为情报分析提供准确、及时的基础数据。反恐情报部门可通过横向数据库加强对海量人流、资金流、信息流的比对，进行精细化关联性分析。另外应注重我国反恐情报专门性法规与国际反恐公约的对接，建立我国反恐情报的国际双边领域交流机制。

2. 建构法律与技术规制相结合的涉恐信息传播治理模式

通过法律手段与技术手段的结合建构暴恐信息传播安全风险的闭环式管理机制，实现对暴恐信息传播产生的安全风险和威胁进行常态化、标准化、流程化管理架构。美国政府即积极采取了法律治理与技术治理相融合的措施，通过分级、过滤、信息监控等技术来监管治理非法信息。《中华人民共和国国家安全法》中明确指出要加强科技创新在维护国家安全方面的地位[①]，但未指明具体路径。

（1）加大对暴恐信息网络监测产品的扶持力度。暴恐信息网络检测产品涉及技术研发、人员配备和设施设备更新等方面，有必要针对上述领域，集中出台激励政策和措施。基于新疆地区的治理需要，应重点研发有效破击网络暴恐活动的技术平台，研发扫描检索暴恐音、视频的技术和产品，对于电子设备中存储的图片视频以及电脑手机软件尤其是社交软件中的信息进行筛查，是发现和清除暴恐音、视频的有效途径，因此应注重相关技术和产品的开发，并提供相关的政策支持，将法律规制与技术治理相结合。此外，执法机关应当强化对社交网络平台的监控。社交网络平台数据具有类型多样、内容庞大、产生速度快等特点，而且还存在多语种性，将为及时甄别和封堵暴恐信息带来困难。[②] 因此，应当培养懂双语的专业技术人才。

《中华人民共和国反恐怖主义法》第十九条规定[③]。电信、网信、公安等机关进行职责分工。《中华人民共和国网络安全法》与《中华人民共和国人民警察法》

---

① 《中华人民共和国国家安全法》第七十三条：鼓励国家安全领域科技创新，发挥科技在维护国家安全中的作用。

② 王兵、吴大愚、邓波：《网络化条件下“三股势力”暴恐活动趋势及应对策略研究》，载《中国信息安全》2015 年第 5 期。

③ 《中华人民共和国反恐怖主义法》第十九条：电信业务经营者、互联网服务提供者应当依照法律、行政法规规定，落实网络安全、信息内容监督制度和安全技术防范措施，防止含有恐怖主义、极端主义内容的信息传播；发现含有恐怖主义、极端主义内容的信息的，应当立即停止传输，保存相关记录，删除相关信息，并向公安机关或者有关部门报告。

均赋予电信部门、网信部门及公安等多机关管理网络空间的职责。但各部门管辖权划分并不明确，可能存在职责互相推诿等问题，因此应出台相关行政法规对网络监管职责划分进行明确规定。首先，针对抑制网络恐怖信息传播的相关执法工作，应由公安机关主导管辖。各级网信部门管辖网络社交平台上的一般性违法信息，电信部门主要管辖黑客技术产生的违法问题。而网络恐怖信息极易引发社会重大问题，公安机关的执法能力相对更强，在网信、电信等部门的技术性配合下，可以更高效地治理网络暴恐风险。公安机关针对网络暴恐信息传播的风险预防，应构建线上监管与线下执法相结合的治理模式。网络暴恐信息传播问题与一般的违法信息传播行为相比更须严格控制，有必要由公安部制定部门规章来规定相关执法职权。网络警察须建立重点人群监控数据库，对在网络传播恐怖信息的行为人进行全天候网络监管，对信息源头及散播途径进行细致掌握。另外，《互联网用户账号信息服务管理规定》等文件规定，对互联网服务提供者设置自我管控等义务，然而网络执法权限较低难以有效预防暴恐信息网络传播，因此也须由公安部规章对网络执法层面进行加强，授予更强力的执法权。

（2）加强对网络关键基础设施和信息系统的资产管理。这里的网络安全资产管理是指采取网络安全措施对网络关键基础设施、重要信息系统及其内容的管理，这是防控违法和不良信息传播信息安全风险的重要基础。《中华人民共和国国家安全法》中明确了关键基础设施和信息系统的重要地位，须加强网络管理[①]，若关键基础设施和信息系统等安全资产存在漏洞，暴恐分子可利用漏洞实施对政府和国家银行、金融、交通、安全等网站的攻击，在篡改、毁坏基础设施和信息系统的同时，可为违法和不良信息的传播提供便捷通道，进而产生安全风险和威胁。安全资产管理需要建立一套完整的监测、评价、应急响应体系，确保在各类网络事件发生前及时预警并及时响应。

《中华人民共和国国家安全法》指出制定安全风险预案的必要性。[②] 故此，探索新的安全资产管理模式，制定完善风险预案。通过IP存活及端口探测机制实现的统一安全资产管理，打破以往的被动、基于设备的资产管理模式，考虑每一个IP地址均为安全风险的可能入口，通过IP地址段归属管理结合IP存活扫描技术手段，主动探测网络中的安全资产管理死角，挖掘隐藏风险，以扫除网络安全风险

① 《中华人民共和国国家安全法》第二十五条：国家建设网络与信息安全保障体系，提升网络与信息安全保护能力，加强网络和信息技术的创新研究和开发应用，实现网络和信息核心技术、关键基础设施和重要领域信息系统及数据的安全可控；加强网络管理，防范、制止和依法惩治网络攻击、网络入侵、网络窃密、散布违法有害信息等网络违法犯罪行为，维护国家网络空间主权、安全和发展利益。

② 《中华人民共和国国家安全法》第五十五条：国家制定完善应对各领域国家安全风险预案。

盲点。同时，在管理单位具体实践时，应将安全资产管理模式中加入考核机制，各级单位设置专人专岗进行响应处置，探测到的未纳入管理资产通过智能网管自动派单至责任单位补录资产信息，并对责任单位进行考核，对无人认领资产进行关停处置，以从技术手段上实现对风险评估对象的全覆盖。在法律条文中明确行业企业进行安全资产管理的义务，具体落实各方责任，实现法律与技术治理的全方位融合。及时检测和发现安全风险，提升安全风险主动发现能力。

（3）加强对暴恐信息传播安全风险评估与服务精准化管理。已有制度明确提出须建立安全风险评估机制[①]，风险评估是暴恐信息传播治理的重要环节，也是精准治理涉暴恐信息传播的重要基础和前提，这需要构建一个综合性具有扩展性的暴恐信息传播风险评估体系。暴恐信息传播的风险分析或者风险评估的建构可考虑基于成熟的国际ISO27001安全体系标准中的戴明环理论[②]，基于风险隐患生命周期闭环管理，制定具有通用性可扩展性的安全风险评估管理模式。

不同于与单次流程化评估模式比较，基于风险隐患生命周期闭环管理的统一网络安全风险管理模式更注重对风险隐患出现及消亡时间的管理，经过每一轮新的评估结果数据与历史数据进行比较，很容易发现反复出现的风险隐患，结合考核机制，促使风险隐患被彻底整改。基于风险隐患生命周期闭环管理评估模式对网络内容安全风险评估任务进行分类分级管理，可有效应对涉暴恐信息传播风险反复出现的情况，极大提高风险发现及整改效率。具体而言有如下几个方面。

① 设计暴恐信息传播风险评估指标体系，加强其风险分析研判。这需要在网络态势感知研判和处置机制建设中，将暴恐信息传播风险纳入恐怖事件应对处置预案体系中：第一，根据暴恐信息的内容、发布平台、传播途径及传播对象等内容对暴恐信息进行分类，并为传播风险评估提供前提；第二，实施暴恐信息传播风险评估，风险评估指标体系将是风险预判的重要环节，该指标应深度分析暴恐信息的特性，诸如信息发布的主体、信息发布的来源（发布平台）、传播途径、信息传播范围（受众及其数量）、信息事件暴恐等级、视频图片言论（包括数量与时间长度）、网络舆情风险等指标，进而评估暴恐信息传播风险，为及时研判暴恐信息传播威胁，实施分级分类预警和响应措施提供可能，形成对暴恐信息网络传播的预判与应对机制表6-1。

---

① 《国家安全法》第五十六条：国家建立国家安全风险评估机制，定期开展各领域国家安全风险调查评估。有关部门应当定期向中央国家安全领导机构提交国家安全风险评估报告。

② 戴明环理论，即依托P（Plan计划）D（Do实施）C（Check检查）A（Action纠正）设计安全评估模型的理论。

表6-1 暴恐信息危害风险评估指标设计

目标层	一级指标	二级指标	三级指标
网络环境下暴恐信息传播风险	暴恐信息关联用户	暴恐信息发布主体	用户受关注度
			用户活跃度
		暴恐信息作用对象	用户职业
			用户文化程度
			用户生活范围
	暴恐信息特征分析	信息构成要素	信息发布来源
			信息传播范围（受众数量）
			传播平台合法性
		信息内容要素	信息数量
			时间长短
			信息真实性
	信息事件	危害性	暴恐等级
			暴恐对象
			袭击手段
		可控性	信息呈现方式
			事件规模
			行动组织化程度
			事件隐蔽性
	网络舆情风险	煽动程度	宣扬内容
			宣扬规律
		意识形态支撑	宗教极端
			民族独立
			创建神权
		民众反应风险	敏感程度
			舆论引导性
			舆论控制强度

② 依据风险评估分析结果，确定暴恐信息传播风险等级，实现风险分类、分级管理。《中华人民共和国国家安全法》第五十三条规定："网络安全事件应急预案应当按照事件发生后的危害程度、影响范围等因素对网络安全事件进行分级，并规定相应的应急处置措施。"利用网络的暴恐信息传播风险是威胁网络安全的

突出的网络安全事件。依据风险评估分析结果，确定暴恐信息传播风险等级，实现风险分类、分级管理以服务于精准治理暴恐信息传播。目前，我国对于网络安全事件的分级分类主要规定在2007年发布的《信息安全事件分级分类指南（GB/Z 20986-2007）》中，该指南根据信息系统的重要程度、系统损失和社会影响，将网络安全事件分为特别重大事件（I级）、重大事件（II级）、较大事件（III级）和一般事件（IV级）。对于暴恐信息传播事件风险，可依据风险评估结果将危害后果分为四级三层次，具体分为以下四级。

第一级 特别重大事件：对社会秩序和公共利益造成特别严重的损害，或者对国家安全造成严重或特别严重损害。

第二级 重大事件：对社会秩序和公共利益造成严重损害，或者对国家安全造成损害。

第三级 较大事件：对公民、法人和其他组织的合法权益产生严重损害，或者对社会秩序和公共利益造成损害，但不损害国家安全。

第四级 一般事件：对公民、法人和其他组织的合法权益造成损害，但不损害国家安全、社会秩序和公共利益。

6.3.2 协同与集成：完善党政统一领导下的多元主体综合治理格局

综合治理是预防“暴力恐怖犯罪”的有效治理政策。仅靠某一主体不足以应对网络安全治理。卡伦•考恩布鲁在《超越国界：抗击数据保护主义》一文中曾指出：“互联网政策的制定者与国家安全和经济政策者两者之间的脱节”，使得美国推行的全球互联网治理机制受到挑战，进而强调了互联网治理过程中互操作的网络安全机制，即“制定新的网络安全架构，实现跟各种国际网络安全标准兼容并实现互操作”[①]。网络内容安全的法律治理主体包括网络安全主管部门、服务商和运营商、网络参与者及知情的公民。

1. 持续推进跨部门联动协同处置暴恐信息立法和监管机制

由于涉及网络安全的管理部门比较多，且不同部门之间各司其职，因此存在业务交叉或者不清等现实问题。网络安全保障的实践需要打破部门界限，实现跨部门的合作。清理网络环境，形成跨部门协同处置恐怖主义有害信息、防范网络恐怖主义有害信息传播的工作机制成为必然。跨部门合作是共同应对打击网络恐怖主义的成功经验之一。故此，在党政统一领导下，以反恐部门为核心，以网监、刑侦、特警等部门为依托的网络反恐协作机制成为暴恐信息治理中多元主体协作

① 卡伦•考恩布鲁：《超越国界：抗击数据保护主义》，周岳峰译，载《国外社会科学文摘》2015年第1期，第20-22页。原载于美国《民主》杂志2014年秋季号“超越国界：抗击数据保护主义”。

的重要路径，加强各部门间的合作，加强监管和监控能力，整合资源，共享信息，加强对网络和通讯市场的整治力度，依法惩处相关违法犯罪行为，严控利用网络传播和渗透宗教极端、暴力恐怖等思想。具体如下。

协同开展立法工作，完善网络安全法律规范。法律是社会利益和社会关系的平衡器，因为“所有法律也是为社会中的某种利益而产生，即法的观念离不开利益而存在”①。暴恐、色情等不当、违法信息的网络传播关乎公共安全和社会稳定。因涉及用户、关键基础设施部门、网络运营者、政府管理部门等不同的利益主体，在立法过程中，需要充分权衡网络空间中不同利益主体的权益，包括管理部门的职权权限分配，合理设定义务和权利保障体系、技术支撑与组织管理关系、国家安全和用户隐私的关系、安全监管与互联网运营者创新发展矛盾问题等问题。因此，在进行防控暴恐音视频网络传播方面的立法时，应当遵循协同合作原则，打破部门立法各级，形成有效合作决策，确保各方利益均衡、治理措施有效。

加强政府多部门协同监管能力，完善“动态＋静态”协同实施机制。所谓“静态”，指网络内容安全成员单位总体基本形成有一个固定的网络内容安全保障部门，类似等级保护领导小组成员一样的组合；所谓“动态”则指针对不同的领域、不同的层面、不同的内容需要协同合作的部门是不同的。在监管过程中，监管对象、领域、行业也存在多样性。由此可见，网络内容安全保障不是单一的部门就可完成的，需要多个部门的协同合作。当然，不同的任务可能需要协同的单位又是不同的。比如网络信息系统安全执法，可能更多需要经信委、安全厅和公安厅等部门；暴恐音视频网络传播执法可能需要协同公安厅、文化厅、工商局、版权局等部门。因此，公检法部门、网络主管部门以及文化、工商行政管理等国家机关应承担起领军作用，完善“动态＋静态”协同实施机制，充分发挥其职能作用。

2. 重视网络运营商在维稳防控中的协助作用

单靠政府或者私人公司，都不能有效应对信息安全威胁。政府有情报资源，但缺少技术；私人公司有技术，但没有足够的情报来源。因此，要应对网络内容安全威胁，就必须加强两者的合作。

信息的获取很大程度上来源于互联网。人们对于信息真伪的辨别也往往依赖于网络平台。网络运营商是承担互联网内容安全管理的重要环节，在网络安全态势感知中，作为互联网运营和服务的部门，更应当承担相应责任和义务，这将有助于应对网络内容安全威胁。应当提高网络服务商和运营商的注意义务和审查义务，在软硬件采购和应用时充分评估其安全可控性，关注移动应用平台的安全管理，包括对应用程序的检测、风险的警示以及危害的处置、用户的监督举报等，并协助执法部门执法，截取信息、存留数据、查找源头。

---

①〔日〕美浓部达吉：《法之本质》，林纪东译，台湾商务印书馆1993年版，第37页。

（1）基于信息化能力服务社会信息化管理。随着经济发展与城市建设，越来越多的城市流动人口，使得城市人口结构进一步复杂化、多样化，为城市管理带来一系列的问题，极大地挑战了政府的管理和服务能力，成为城市安全隐患的主要源泉。在服务政府信息化治理过程中，可发挥网络运营者和服务商整合现有的网络资源、业务资源、客户资源、产品资源的作用，建构网格化全覆盖无缝隙治安防控体系，从而有效治理暴恐信息网络传播。

网络运营商具备信息化建设的条件和能力，完全可以基于城市管理、服务以及维稳反恐的需求，提供综合性一体化管理的智慧产品，通过智能平台、智能设备及智能应用，实现居住小区常住人口及流动人口的管理，出入人员及车辆的基本信息采集、人证核验，具备与警务综合平台、社区综合服务平台对接和联动的功能，协助社区和公安机关做好针对人口及车辆的管控和处置工作，方便社区管理者或其他相关部门人员对社区的人口来源地、人员构成、房屋星级标签、人员属性划分统计、实时门禁等进行了解与判断，进而实现基于信息化能力服务社会信息化管理的目的，为暴恐信息传播治理中的政府监管提供信息化手段支持，可极大地提高政府监管的实效。此外，可依托网络运营商和服务商采用物联网、大数据等前沿技术搭建综合指挥平台，实现社会管理网络的一体化联动。

加强构建助力防控暴恐信息传播的产品生态化体系应是发挥网络运营商和服务商在暴恐信息传播治理中作用的重要内容，诸如面向社区街道、管委会、派出所、公安分局、政府办公大楼及所属驻外场所及各类有人值班场所（医院、学校、商铺等）的应急通信产品。通过开发系统化产品实现警情、险情发生时的一呼百应、群防群治、多点联动，能够协助警方快速精准定位，可极大提升政府社会治理能力、效率和效果，为暴恐信息传播治理诉求中的及时发现、拦截、阻断、处置提供了可能。

（2）进一步发挥协助执法部门执法职能。基于在线暴恐信息语言和行为的不断增加，法国立法拟批准一项措施，即要求诸如Facebook、谷歌等互联网公司应在24小时内及时删除在线发布的法国政府所定义的仇恨言论，要求互联网公司及时删除任何带有煽动或蛊惑种族或宗教极端、暴力恐怖、歧视或儿童色情的内容，如果这些互联网平台不遵守相关规定应面临高额的罚款。与此相类似，德国在2018年1月1日亦通过法律规范互联网平台在24小时内及时删除德国法律规定的非法内容，否则罚款最高可达5000万欧元。[①] 暴恐信息是我国法律所禁止的违法有

① Makena Kelly, The measure would force companies to remove content within 24 hours, and was approved by the lower house of the French Parliament Thursday, https://www.theverge.com/2019/7/4/20682513/french-parliament-facebook-google-social-network-hate-speech-removal.

害信息，进一步发挥提供网络服务在防控暴恐信息传播方面的作用应当是一种法定义务，“在特定情况下应当给予相关主体网络过滤、拦截义务，并以立法形式确定下来”①。当然，强化通信机构的协助执法义务和自我监管同时亦需要合理确定政府和企业各自的边界。网络运营商是互联网内容安全管理的重要主体，更应当承担相应责任和义务。网络运营商参加监管，更能发挥协同监管的优势，从而达到有效监管的目标。

全国人大常务委员会通过的《关于加强网络信息保护的决定》在一定程度上明确了网络服务提供者的法定义务和法律责任。例如：全面落实“先备案、后接入”要求，加大互联网备案管理力度，开发建设地方性未备案网站核查系统；加强信息安全监测，实现对自营及合作运营网站、自有及合作运营系统的按日拨测与监控；加强网上有害信息管控，对自营网站、手机 APP 的信息内容自查，对发现的不良信息及时处置，以有效净化用户上网环境。持续建设网络内容安全管理系统、互联网网站监测系统、移动上网日志留存系统、IDC/ISP 管理系统等网络安全系统。以此为执法协助提供支持，协助执法部门执法，共同应对暴恐信息传播威胁。至于如何规定网络运营商等私人主体的法律义务和责任，可借鉴美国和欧盟的协助监听义务和通信合法拦截、留存数据规定等制度安排，以地方立法形式，明确协助主体范围、技术标准和实施程序、具体义务，共同应对网络内容安全风险和威胁。

（3）以“谁运营谁负责”原则为基础压实主体责任。互联网平台作为网络信息传播的最主要渠道，对于在互联网平台上传播的信息具有义不容辞的区分和鉴别责任。主体责任原则也被称为“谁运营谁负责”原则，是网络空间针对网络服务商和运营商所确立的网络内容安全管理的基本责任原则。运营的主体包括各类互联网服务提供者，涉及信息基础设施运营机构、互联网接入服务提供者、互联网设备服务提供者和互联网信息服务提供者等。已有法律明确规定信息网络的使用单位必须建立健全管理制度，明确主要负责人的责任。互联网服务提供者，尤其是内容服务提供者是治理暴恐信息传播的重要主体，同样应适用此原则。治理暴恐信息传播要求加强互联网平台的法律责任，就要求互联网服务平台对于其平台上发布的信息做出更加严格和规范的鉴定，只有这样暴恐信息的传播才没有立足之地。

随着信息系统联网数量的增加，网络空间面临的安全风险呈现出不断增加的趋势。单个网络利用者的有害行为都有可能对整个网络空间造成威胁，并可能带来巨大的灾难。一些网络使用者，尤其是一些单位，为了追求直接利益和降低成本，忽视信息安全方面的资金投入，这就给这些主体和网络空间带来巨大的安全

① 皮勇：《网络恐怖犯罪及其整体法律对策》，载《环球法律评论》2013 年第 1 期。

隐患。主体责任原则要求互联网的建设、使用单位对于由自身系统造成的信息基础设施灾难或者严重影响社会公共安全、社会秩序的事件承担责任。

落实主体责任原则,互联网服务提供者对于暴恐信息传播的治理应注重从信息内容安全管理计划、信息内容安全监督、信息内容安全事件处置、内部组织管理、外部沟通五方面建立信息内容安全保障制度,遵照实施并持续改进。网络运营者应当加强对其用户发布的信息的管理,发现涉暴恐信息的,应当立即实施停止传输、消除等处置措施,保存记录并向主管部门报告。

3. 进一步发挥公民在协调稳定与发展矛盾中的积极作用

网络内容安全治理需要每个公民的参与。任何用户一旦发现潜在和已发生的网络内容安全风险和威胁,应积极向有关机关报告为维护网络安全贡献力量。这是每个公民维护国家安全的基本义务,也是自觉遵纪守法的好公民的基本要求。

网络环境下,涉暴恐信息的治理不能仅仅依靠政府部门。每个公民都应参与到治理行动中去。在一系列通告及打击暴恐专项行动都明确了举报和提供线索的奖励机制和保密机制。各族群众反对和打击"三股势力"的意识和参与度不断增强。各族群众在反恐维稳行动中发挥着不可忽视的积极作用。在网络反恐等维护网络内容安全的行动中,还需要结合互联网的特点,制定更有针对性的措施,引导各族群众积极有效参加。为更好地教育和发动群众,应加强乡镇、村群众的文化、法制及举报体系的宣传教育工作。应该重视对暴恐信息举报体系的宣讲,让网络使用者接触到这类信息后,能够主动及时向相关部门反映。防控暴恐音视频网络传播需要不同主体的协同治理,共同打击危害网络内容安全的违法犯罪行为。

6.3.3 合作与共赢:提升域外反制能力,加强跨区域合作机制

1. 重视和加大边境防控领域合作力度

网络是无国界的,网络空间具有全球性,面对网络安全威胁,每个国家都有维护网络空间安全的义务。网络安全涉及世界各国的共同利益,需要加强国际合作,构建"和平、安全、开放、合作"的网络空间。"2013年全球因网络犯罪造成的经济损失是4450亿美元,国内所遭受的经济损失估计达到2000亿美元。"[①] 2013年12月,联合国安理会通过了2129号决议,"表示严重关切通过网络实施的以进行恐怖活动为目的的煽动、招募、资助、筹集资金、计划和准备活动行为,要求联合国反恐组织会同各国反恐组织加强对上述行为的打击力度"[②]。高度重视各国在打

① 美国战略与国际问题研究中心:《网络犯罪导致全球年损失4450亿元》,http://tech.sina.com.cn/i/2014-06-10/08179427968.shtml.

② United nations Security Council resolution 2129(2013),http://www.un.org/press/en/2013/sc11219.doc.htm.

击利用互联网实施恐怖活动领域的合作。2015 年 3 月，美国政府放弃对互联网域名的监督，旨在使更多的利益相关者参与互联网安全治理，美国政府支持政府、业界、技术专家、各种非政府组织及更多的发达国家携手合作，以此解决创新、垃圾邮件、网络犯罪方面的挑战。[①] 这也显示了互联网安全领域协同合作的必要性。

2015 年上海合作组织（上合组织）成员在中国首次开展了针对互联网恐怖主义活动网络反恐演习。上合成员主管机关共同开展了查明和阻止利用互联网从事恐怖主义、分裂主义和极端主义活动行为，交流和实践各成员国在发现、处置和打击网络恐怖主义活动方面的法律程序、组织和技术手段、工作流程、执法能力，并加强相应完善合作机制。加强各成员国应对打击网络暴恐的能力，及时“发现、清除网上恐怖煽动信息，依法打击潜伏在各成员国境内的恐怖组织成员”[②]，切实维护地区的安全与稳定。但相关法律文件中，成员国承诺的建立与上合组织反恐法律条文与制度协议相配套的国内各种反恐司法协助、反恐警务合作条约迟迟未能完成，军事反恐协定较多，刑事司法合作协定不足。上合组织反恐折射出我国目前国际司法合作相关合作机制还主要停留在情报交流、干部培训、技术交流、发表联合声明、向联合国提倡议层面，绝大部分是日常事务类事项，也需要进一步深化。合作形式种类少，不够灵活且程度尚浅，目前除了一些高层次协商机制外，反恐机构缺乏基层的实际交流和合作，形式上的反恐合作大于实质的作用（表 6-2）。[③]

表 6-2　上合组织地区反恐怖机构理事会会议主要内容

时间及会议名称	主要内容
2005 年 3 月，上合组织地区反恐怖机构理事会第四次会议	理事会就反恐机构目前的工作及进一步建立合作打击恐怖主义、分裂主义和极端主义的法律基础做出了一系列决议
2006 年 6 月，上合组织地区反恐怖机构理事会第八次会议	会议总结了本组织框架内在中国、哈萨克斯坦境内举行的“天山－1 号（2006）”联合反恐演习
2007 年 3 月，上合组织地区反恐怖机构理事会第九次会议	理事会通过了一系列有关执委会组织干部、财务保障问题以及进一步拓展地区反恐怖机构成员国合作打击恐怖主义、分裂主义和极端主义的基础性法律文件
2008 年 7 月，上合组织地区反恐怖机构理事会第十二次会议	各成员国代表就推进成员国安全领域的互利合作，加强地区反恐怖机构的建设深入交换意见，达成了共识

① 〔美〕卡伦•考恩布鲁：《超越国界：抗击数据保护主义》，周岳峰译，载《国外社会科学文摘》2015 年第 1 期，第 23 页。原载于美国《民主》杂志 2014 年秋季号“超越国界：抗击数据保护主义”。

② 陈弘毅：《上合组织首次网络反恐演习在厦门成果举行》，http://www.gov.cn/xinwen/2015-10/14/content_2946854.htm，2015 年 10 月 14 日访问。

③ 曾向红、李孝天：《上合组织的安全合作及发展前景——以反恐合作为中心的考察》，载《外交评论》2018 年第 1 期。

续表

时间及会议名称	主要内容
2010年4月,上合组织地区反恐怖机构理事会第十六次会议	会议同时严厉谴责今年3月在莫斯科发生的造成大量人员伤亡的恐怖袭击事件,表示将进一步加强各成员国的反恐合作
2012年3月,上合组织地区反恐怖机构理事会第二十次会议	会议决定成立上合组织成员国主管机关边防部门打击恐怖主义、分裂主义和极端主义专家组。此外,会议还批准建立成员国大型国际活动安保合作常设协调机制审议了信息安全合作问题,商定上合组织成员国主管机关预防和阻止利用或威胁利用电脑网络进行恐怖主义、分裂主义和极端主义活动的共同措施
2019年9月,上合组织地区反恐怖机构理事会第三十五次会议	在中国厦门举行上合组织成员国主管机关查明和阻止利用互联网从事恐怖主义、分裂主义和极端主义活动联合反恐演习;批准了关于上合组织成员国主管机关交流恐怖活跃地区返回人员社会化康复和回归、打击利用无人驾驶航空器实施恐怖主义、分裂主义和极端主义活动经验的决议
2021年3月,上合组织地区反恐怖机构理事会第三十六次会议	上合组织成员国主管机关将在2021年举办"帕比－反恐－2021"联合反恐演习;各方研究了地区安全形势,讨论了当前上合组织打击恐怖主义、分裂主义和极端主义的合作情况,对上合组织成员国主管机关在该领域合作情况交换了意见,确定了应对来自国际恐怖主义的安全威胁和挑战的联合措施

网络命运共同体的建构不仅要加强技术领域的国际合作,加强情报共享;还要参与互联网领域安全保护国际条约,加强政策和法律的互联互通;深化国际执法合作,尤其是打击网络安全犯罪方面的合作。这需要开展风险预判、信息共享、情报互通、联合执法等方面的合作。同时,加强各国执行部门的合作执法能力,开展国际合作队伍和合作能力的建设。2017年3月12日,最高人民检察院在工作报告中提出在"一带一路"建设下推动反恐犯罪等国际合作。2017年5月25日孟建柱出席国际安全事务高级代表会议时强调要加强国际反恐合作,切实维护各国人民安全。

首先,应畅通网络空间治理合作的渠道。加强国际合作,重视全球合作和区域性合作。国际治理合作的前提应是有政策和法律的依据,这需要国家层面的推进。在打击暴力恐怖音、视频网络传播方面,应重视和推进与周边国家在政策、法律、执法等方面的合作,共同维护网络内容安全。新疆是网络暴恐事件频发的区域,是网络恐怖活动实施的主战场之一。在国家顶层设计的基础上,新疆可探索与周边国家地区间在网络空间治理的区域合作,进一步畅通区域合作的渠道。当然,这一过程中也面临对"网络安全和威胁认识上的差异;不同国家法律对网络犯罪、网络恐怖活动、网络侵权等涉网络安全实体法和程序法规定的差异性;各合作方技术、资源、人员等方面因素能力差异”等方面的合作障碍。[①]这需要在合作过程中对这些障碍逐一分析，求同存异，寻找最大公约数，形成灵巧的网络安全合作机制。

其次，加强特定区域与周边国家的执法合作力度。国际执法合作依然被认为是包括网络安全在内的国家安全战略构建的重要部分。[②]在新疆，边境地区和口岸是反分裂防渗透的第一道屏障。边境管控是打击暴恐音、视频传播的重要关口。边检站执法工作人员反映，应加强与周边国家的执法合作，共同打击“三股势力”“东突”等恐怖组织。目前，在国际合作方面，缺乏统一适用的法律依据，缺乏明确的法律指导。《上合组织反恐公约》第九条第一款第二项将成员国需要通过国内立法认定为刑事犯罪的行为的范围，拓展至上合组织的法律文件之外的各方均参加的国际反恐公约认定为犯罪的行为。该款第三款至第十款详细列举了恐怖主义行为的各种方式，但采取列举式认定非传统安全领域的恐怖主义犯罪，使得司法人员在执法过程中疲于应对，因为地区国家面临的安全问题不是孤立存在的，而是借助互联网相互关联，有时甚至是跨越民族、跨越国界的，犯罪者和犯罪发生地分离的情况屡见不鲜，这些复杂的安全问题往往会对各国的国内执法人员带来巨大的挑战。在打击恐怖主义犯罪中，若采用狭义的双重犯罪原则会对司法合作产生不良的消极影响，即要求引渡请求所依据的犯罪行为，必须是同时符合请求国和被请求国的法律所规定的能够受到刑法处罚的犯罪行为。我国与吉尔吉斯斯坦签署了《中华人民共和国与吉尔吉斯共和国引渡条约》《中华人民共和国与吉尔吉斯共和国关于移管被判刑人的条约》等一系列国家层面的国际执法合作条约，但是边境执法一线人员认为这对其开展执法活动的实际指导意义并不大(表6-3)。

表6-3 上合组织文件与吉尔吉斯共和国国内法修改对照

日期	上合组织文件	日期	吉尔吉斯共和国国内法
2001.6.15	《上合组织成立宣言》和《打击恐怖主义、分裂主义和极端主义上海公约》	2002.4.10	吉尔吉斯共和国第50号法《关于打击恐怖主义、分裂主义和极端主义上海公约》
2002.6.7	《上合组织宪章》和《上合组织成员国关于地区反恐机构的协定》	2002.6.7	中华人民共和国和吉尔吉斯共和国关于地区反恐机构的双边协定通过

① 唐岚:《网络安全国际合作有效模式探究》，2012“网络空间安全：中国与世界”国际学术研讨会，第88-91页。

② 赵红艳:《国际合作背景下的网络恐怖主义治理对策》，载《中国人民公安大学学报(社会科学版)》2016年第3期。

续表

日期	上合组织文件	日期	吉尔吉斯共和国国内法
2003.6.5	上合组织成员国打击恐怖主义、分裂主义和极端主义合作构想	2002.12.11	吉尔吉斯共和国和中华人民共和国《关于合作打击恐怖主义、分裂主义和极端主义的协定》
2003.9.5	《打击恐怖主义、分裂主义和极端主义上海公约修正案议定书》(2001年)	2003.9.8	吉尔吉斯共和国总统发布《关于打击资助恐怖主义和洗钱活动的授权机构》的法令
2004.4.24	上合组织观察员地位条例	2004.8.17	吉尔吉斯共和国第137号法《吉尔吉斯共和国和中华人民共和国关于合作打击恐怖主义、分裂主义和极端主义的协定》(2002年)
2004.6.28	上合组织地区反恐机构数据库协定	2006.5.13	吉尔吉斯共和国第87号法《关于对吉尔吉斯共和国难民法的修正和增补》
2007.8.16	《地区反恐机构协定》和《上合组织成员国长期睦邻友好合作条约》修正议定书	2006.7.31	吉尔吉斯共和国第135号法《关于打击资助恐怖主义和犯罪所得合法化(洗钱)》
		2018.8.6	吉尔吉斯共和国第87号法《打击资助恐怖主义活动和将犯罪所得合法化(洗钱)》
2008.8.28	《上合组织成员国组织和举行联合反恐演习程序协定》	2018.12.25	吉尔吉斯共和国《关于打击资助恐怖活动和犯罪收益合法化(洗钱)法执行措施》
2009.6.16	《上合组织反恐怖主义公约》和《上合组织成员国元首理事会关于确认上合组织缔约国2010-2012年打击恐怖主义、分裂主义和极端主义合作方案的第7号决议》	2019.8.14	吉尔吉斯共和国《关于在商业银行组织内部控制以打击资助恐怖主义活动和犯罪收益合法化(洗钱)的最低要求条例》、《关于在吉尔吉斯共和国用现金外币进行外汇业务的程序的条例》以及吉尔吉斯共和国国家银行《关于打击资助恐怖活动和犯罪收益合法化(洗钱)的规范性法律文书的修正和补充》
		2020.6.25	吉尔吉斯共和国《关于打击资助恐怖活动和犯罪收益合法化(洗钱)法修正案》
		2020.8.19	吉尔吉斯共和国《关于打击资助恐怖活动和犯罪收益合法化(洗钱)对支付组织和支付系统经营者进行内部控制的最低要求条例》

边境执法一线人员的执法依据一直是《中华人民共和国公安部和吉尔吉斯斯坦共和国国家安全委员会关于建立三级联系制度的议定书》的相关要求，以及通过会谈会晤的形式达成一定共识，这些共识对双方的约束力比较小。所以为保障新疆社会稳定，包括口岸稳定发展，需要出台一些适用于开展区域执法合作的规范性文件，把一些问题具体化、标准化，提高可操作性。课题组在调研期间了解到，由于涉密等原因，疆内执法部门之间尚不一定能做到信息共享。信息共享和情报交流是开展国际合作，实施执法合作的基础。如何平衡保密和合作共享间的关系对国际合作的实效有着重要的影响。

第三，不断加强国际情报交流与合作。恐怖主义是全世界范围内共同面临的问题，各国应当共同打击恐怖主义活动。在国际反恐怖主义合作中，情报信息交流是重要的合作领域。有效的情报信息交流，对于防范和打击恐怖主义活动具有特殊重要的意义。为了打破不同执法机关间的壁垒，加强不同层级执法机构间的反恐信息共享，可以尝试建立反恐情报共享平台，例如借鉴欧盟—欧洲网络犯罪中心（EC3），建立反恐情报共享平台。此外，我国应当加强与其他国家的情报交流共享，也应当重视与境外民间智库的反恐情报合作，促进双边、多边国际反恐情报合作，支持联合国框架下的国际反恐情报合作。

2. 提高跨境数据流动中的域外反制力

随着互联网技术的迅速发展和广泛应用，人们的活动空间由现实社会向虚拟社会大幅度拓展。互联网具有多中心性和即时性，同时在技术上网络又具有无国界性，致使数据跨境流动在网络中极易实现。跨境数据流动中暴恐信息的传播是促使暴恐犯罪由区域性犯罪向跨国界犯罪发展的重要因素。[①] 暴恐信息借助互联网技术的发展，以互联网为主要传播媒介，能够随时传递到世界各地，扩大了诱发恐怖活动的潜在风险。提高跨境数据流动中的域外反制力具有现实必要性。

面对跨境数据流动带来的治理暴恐信息的障碍，首先，在跨境数据流动监管中，通过技术手段对暴恐信息进行搜索、筛选、定位是极其重要的环节，实现从物理层面、代码层面和内容层面对跨境数据流动的有效控制，需要通过制定法律使这一环节合法化、制度化。其次，要严格提供接入服务、导航服务、信息服务等网络服务提供者的法律责任。网络服务提供者因故意或者过失导致网络暴恐信息传播，造成严重社会危害的，应视情按共同正犯说、帮助犯说、不作为犯说等主张追究其法人和直接责任人的刑事责任[②]，细化适用条件，以此提高《中华人民共和国刑法修正案》（九）相应条款的适用性。

① 胡炜：《跨境数据流动立法的价值取向与我国选择》，载《社会科学》2018 年第 4 期。

② 欧阳梓华：《网络暴恐信息治理问题研究》，载《湖南警察学院学报》2016 年第 8 期。

3. 持续提升斩断境外暴恐信息传播通道的能力

要做到发现、阻断和制止暴恐信息，一个重要的方面就是加强对于传播渠道的控制。调研实践显示，尽管安全部门多年以来持续治理暴恐信息传播，也了解到暴恐信息多源于境外的制作和传播，且见证着数量的增加，音视、频制作技术和质量的提升，但在境外反制方面始终处于被动，国内大多采取拦截和封堵措施。为此，持续提升斩断境外暴恐信息传播入境的能力是治理暴恐信息境外传播源头的重要路径和目标。具体而言有如下两点。

一是加强对境外暴恐信息制作、传播技术的实时追踪，防患于未然。调研显示，基于互联网信息技术的不断更新，境外暴恐信息传播的技术手段也在不断更新，千变万化。在国内破获的一些暴恐信息传播的犯罪活动中，暴恐分子即使用了国内执法人员未曾接触和了解的通信软件，这显示出一线执法人员对暴恐信息传播技术的实时追踪能力有待提高，这也警示和要求技术人员要秉持动态的追踪理念，实时提升自己在相关技术领域技术水平，能够做到对技术发展态势的了解和掌握，提升实时追踪的技术能力和水平。这样就可以避免因不熟悉某一类制作和传播的技术而导致暴恐信息在境内的大肆传播现象。

二是要提升国内反制暴恐信息传播的产品和技术，尤其是识别、过滤、拦截、封堵的方面技术和产品的研究和开发。对这类产品进行技术科学研究、技术开发的教学科研院所、高校和各企事业单位，国家和地区应持续予以相应的经费支持，同时在此类产品研发过程中推进军民、军地的协作以及成果转化。在此方面，可以依托国家军民融合战略的实施，加强此领域的军民融合产品和技术的产生。网络安全是国家安全战略的重要组成部分，暴恐信息传播可直接危害国家安全。因此，网络安全管理部门、公安机关、网络运营者可及时关注国家发布的国防科技工业知识产权信息，及时加强与权利主体的沟通与联系，推进科技成果的民用转化，确保前沿技术在反恐维稳中的应用，提升网络反恐效率。

附 录

效力层级	名称	发布部门	公布日期(施行日期)(未注明施行日期即公布与施行日期相同)	规定内容	主要适用
行政法规	中国制造2025	国务院	20150519	第三款:加强标准体系建设。改革标准体系和标准化管理体制,组织实施制造业标准化提升计划,在智能制造等重点领域开展综合标准化工作。发挥企业在标准制定中的重要作用,支持组建重点领域标准推进联盟,建设标准创新研究基地,协同推进产品研发与标准制定。制定满足市场和创新需要的团体标准,建立企业产品和服务标准自我声明公开和监督制度。鼓励和支持企业、科研院所、行业组织等参与国际标准制定,加快我国标准国际化进程。大力推动国防装备采用先进的民用标准,推动军用技术标准向民用领域的转化和应用。做好标准的宣传贯彻,大力推动标准实施。 第四款:成立国家制造强国建设领导小组,由国务院领导同志担任组长,成员由国务院相关部门和单位负责同志担任。领导小组主要职责是:统筹协调制造强国建设全局性工作,审议重大规划、重大政策、重大工程专项、重大问题和重要工作安排,加强战略谋划,指导部门、地方开展工作。领导小组办公室设在工业和信息化部,承担领导小组日常工作。设立制造强国建设战略咨询委员会,研究制造业发展的前瞻性、战略性重大问题,对制造业重大决策提供咨询评估。支持包括社会智库、企业智库在内的多层次、多领域、多形态的中国特色新型智库建设,为制造强国建设提供强大智力支持。建立《中国制造2025》任务落实情况督促检查和第三方评价机制,完善统计监测、绩效评估、动态调整和监督考核机制。建立《中国制造2025》中期评估机制,适时对目标任务进行必要调整。	部署全面推进实施制造强国战略的过程要提供统一标准

续表

效力层级	名称	发布部门	公布日期（施行日期）（未注明施行日期即公布与施行日期相同）	规定内容	主要适用
部门规章	国务院关于深化“互联网＋先进制造业”发展工业互联网的指导意见	国务院	20171119	第四款：规定建立健全法规制度。完善工业互联网规则体系，明确工业互联网网络的基础设施地位，建立涵盖工业互联网网络安全、平台责任、数据保护等的法规体系。细化工业互联网网络安全制度，制定工业互联网关键信息基础设施和数据保护相关规则，构建工业互联网网络安全态势感知预警、网络安全事件通报和应急处置等机制。建立工业互联网数据规范化管理和使用机制，明确产品全生命周期各环节数据收集、传输、处理规则，探索建立数据流通规范。加快新兴应用领域法规制度建设，推动开展人机交互、智能产品等新兴领域信息保护、数据流通、政府数据公开、安全责任等相关研究，完善相关制度。	建立相关法律法规，制定工业互联网关键信息基础设施和数据保护相关规则
	国务院关于积极推进“互联网＋”行动的指导意见	国务院	20150701	第三款：加强法律法规建设。针对互联网与各行业融合发展的新特点，加快“互联网＋”相关立法工作，研究调整完善不适应“互联网＋”发展和管理的现行法规及政策规定。落实加强网络信息保护和信息公开有关规定，加快推动制定网络安全、电子商务、个人信息保护、互联网信息服务管理等法律法规。完善反垄断法配套规则，进一步加大反垄断法执行力度，严格查处信息领域企业垄断行为，营造互联网公平竞争环境。（法制办、网信办、发展改革委、工业和信息化部、公安部、安全部、商务部、工商总局等负责）。	提出包括创业创新、协同制造、现代农业、智慧能源等在内的11项重点行动。针对落实重点行动时经常出现的问题做出法律规制
	关于深化制造业与互联网融合发展的指导意见	国务院	20160513	第十条：提高工业信息系统安全水平。实施工业控制系统安全保障能力提升工程，制定完善工业信息安全管理等政策法规，健全工业信息安全标准体系，建立工业控制系统安全风险信息采集汇总和分析通报机制，组织开展重点行业工业控制系统信息安全检查和风险评估。组织开展工业企业信息安全保障试点示范，支持系统仿真测试、评估验证等关键共性技术平台建设，推动访问控制、追踪溯源、商业信息及隐私保护等核心技术产品产业化。以提升工业信息安全监测、评估、验证和应急处置等能力为重点，依托现有科研机构，建设国家工业信息安全保障中心，为制造业与互联网融合发展提供安全支撑。	完善法律政策，健全标准体系，做好风险评估工作，提升工业互联网安全水平

续表

效力层级	名称	发布部门	公布日期（施行日期）（未注明施行日期即公布与施行日期相同）	规定内容	主要适用
部门规章	加强工业互联网安全工作的指导意见	国家10部门	20190828	第二款第三条：健全安全管理制度。围绕工业互联网安全监督检查、风险评估、数据保护、信息共享和通报、应急处置等方面建立健全安全管理制度和工作机制，强化对企业的安全监管。 第四条：建立分类分级管理机制。建立工业互联网行业分类指导目录、企业分级指标体系，制定工业互联网行业企业分类分级指南，形成重点企业清单，强化逐级负责的政府监管模式，实施差异化管理。 第五条：建立工业互联网安全标准体系。推动工业互联网设备、控制、网络（含标识解析系统）、平台、数据等重点领域安全标准的研究制定，建设安全技术与标准试验验证环境，支持专业机构、企业积极参与相关国际标准制定，加快标准落地实施。	构建工业互联网安全管理体系
	信息化和工业化融合发展规划（2016—2020年）	工业和信息化部	20161012	第三款第七条：围绕工控安全监管和企业工控安全防护水平提升，健全政策标准体系，研制工控安全审查、分级评估、智能产品关键信息安全标准及其验证平台。支持国家工业信息安全信息采集报送、在线监测以及测试、评估、验证等平台建设，加快形成工业信息安全信息采集、分析、评估和通报工作体系，建立工业信息安全监管体系。支持研发工业信息系统、产品检测技术和工具，开展社会化工业信息安全测评服务，提高智能工业产品的漏洞可发现、风险可防范能力，建立工业信息安全技术保障体系。推动企业建立工业信息安全保障工作机制。	逐步完善工业信息安全保障体系
	工业控制系统信息安全行动计划（2018—2020年）	工业和信息化部	20171212	第二款：落实企业主体责任。企业依据《网络安全法》建立工控安全责任制，明确企业法人代表、经营负责人第一责任者的责任，组建管理机构，完善管理制度。贯彻落实《工业控制系统信息安全防护指南》安全要求，持续加大工控安全投入，落实防护技术改造和隐患治理专项经费，积极开展防护能力评估。 落实监督管理责任。工业和信息化部统筹制定工控安全政策标准，开展宣贯培训，定期组织全国检查评估，对纳入审查范围的工业控制系统产品与服务实施安全审查。地方工业和信息化主管部门加快工控安全地方性法规建设，建立重要工业控制系统目录清单，加强日常监督管理，安排专项资金推动地方监测、预警、应急等保障能力建设，持续完善地方工控安全保障体系。	提升工业控制系统的安全管理水平

续表

效力层级	名称	发布部门	公布日期(施行日期)(未注明施行日期即公布与施行日期相同)	规定内容	主要适用
部门规章	国家制造强国建设领导小组关于设立工业互联网专项工作组的通知	工业和信息化部	20180214	通知规定工业互联网专项工作组统筹协调我国工业互联网发展的全局性工作,审议推动工业互联网发展的重大规划、重大政策、重大工程专项和重要工作安排,加强战略谋划,指导各地区、各部门开展工作,协调跨地区、跨部门重要事项,加强对重要事项落实情况的督促检查。	设立政府专门组织统筹工业互联网工作
	工业互联网发展行动计划(2018—2020年)	工业和信息化部	20180607	第二十五条:健全安全管理制度机制,出台工业互联网安全指导性文件,明确并落实企业主体责任,对工业行业和工业企业实行分级分类管理,建立针对重点行业、重点企业的监督检查、信息通报、应急响应等管理机制。	明确各参与主体责任,完善工业互联网安全管理机制
	工业互联网平台建设及推广指南	工业和信息化部	20180709	第十八条:制定完善工业信息安全管理等政策法规,明确安全防护要求。建设国家工业信息安全综合保障平台,实时分析平台安全态势。强化企业平台安全主体责任,引导平台强化安全防护意识,提升漏洞发现、安全防护和应急处置能力	完善工业互联网平台安全保障体系
	加快培育共享制造新模式新业态,促进制造业高质量发展的指导意见	工业和信息化部	20191022	第二款第四条:强化安全保障体系。围绕应用程序、平台、数据、网络、控制和设备安全,统筹推进安全技术研发和手段建设,建立健全数据分级分类保护制度,强化共享制造企业的公共网络安全意识,打造共享制造安全保障体系。	完善工业制造安全保障体系,加强数据保护
	关于推动先进制造业和现代服务业深度融合发展的实施意见	发改委15部委	20191110	第五款第一条:清理制约两业融合发展的规章、规范性文件和其他政策措施。放宽市场准入,深化资质、认证认可管理体制改革。改革完善招投标制度。推动政府数据开放共享,发挥社会数据资源价值,推进数据资源整合和安全保护。建立消费网络平台产品质量管控机制。加快建立推广适应工业互联网和智能应用场景需求的设备、产品统一标识标准体系。研究支持制造领域服务出口政策。完善政府采购相关政策。支持有条件的地方开展融合发展统计监测和评价体系研究。依法规范加强反垄断和反不正当竞争执法。建立创新高效协同的两业融合工作推进机制。	优化制造业与服务业融合的发展环境

续表

效力层级	名称	发布部门	公布日期（施行日期）（未注明施行日期即公布与施行日期相同）	规定内容	主要适用
部门规章	5G+ 工业互联网 512 工程推进方案	工业和信息化部	20191119	第二款第一条：对标工业生产环境和现有网络体系，着力突破 5G 超级上行、高精度室内定位、确定性网络、高精度时间同步等新兴技术，着力突破 5G 在工业复杂场景下对高实时、高可靠、高精度等工业应用的承载能力瓶颈。发挥国家工业互联网标准协调推进组、总体组和专家咨询组的作用，统筹中国通信标准化协会（CCSA）及相关行业标准化组织，研究制定“5G+ 工业互联网”融合标准体系，完善融合技术、应用标准。	制造“5G+ 工业互联网”融合标准体系
	推动工业互联网加快发展的通知	工业和信息化部	20200306	第九条：出台工业互联网企业网络安全分类分级指南，制定安全防护制度标准，开展工业互联网企业分类分级试点，形成重点企业清单，实施差异化管理。	建立企业分级安全管理制度。加强工业互联网安全保障

后 记

书稿由山东科技大学文法学院(知识产权学院)赵丽莉统一研究规划,徐疆(新疆财经大学)、张子璇、周彤(山东青岛市即墨区人民检察院)、张雪、马可(宜信公司)参与完成。其中,赵丽莉负责书稿总体研究计划和结构框架,具体撰写第1章、第2章、第3章、第6章的内容,并参与了第4章、第5章的撰写工作;徐疆主要参与了第1章的撰写;张子璇主要参与第5章的撰写;周彤主要参与第4章的撰写;张雪主要参与了第2章的撰写;马可主要参与了第3章第2部分的撰写。除此以外,书稿撰写过程中得到了马宁、方婷、董健老师,以及学生张雪、张琪、李云腾的协助,在此一并感谢。